Mohammed Saad

A necessidade de um sistema de transportes sustentável em Beirute

Mohammed Saad

A necessidade de um sistema de transportes sustentável em Beirute

O estudo de caso da Corniche El Mazraa Arterial

ScienciaScripts

Imprint

Cover image: www.ingimage.com

This book is a translation from the original published under ISBN 978-620-2-05874-2.

Publisher:
Sciencia Scripts
is a trademark of
Dodo Books Indian Ocean Ltd. and OmniScriptum S.R.L publishing group

120 High Road, East Finchley, London, N2 9ED, United Kingdom
Str. Armeneasca 28/1, office 1, Chisinau MD-2012, Republic of Moldova, Europe
Printed at: see last page
ISBN: 978-620-7-87083-7

Agradecimentos

Esta investigação exigiu uma grande dose de trabalho, de exame e de fidelidade.

A sua conclusão não teria sido concebível sem a ajuda e o apoio de muitas pessoas. Desta forma, gostaria de estender o meu sincero agradecimento a cada uma delas.

O autor gostaria de começar por agradecer ao nosso supervisor Dr. Najib Georges e ao Dr. Mazen Omran pelas suas instruções críticas e valiosas.

O autor gostaria de exprimir a sua gratidão a Ayman Ramadan e Ghaleb Damaj, que foram de grande ajuda na redação deste documento e na recolha de dados.

O autor

RESUMO

- A estrada Corniche El Mazraa, uma das principais artérias de Beirute - a capital do Líbano - caracteriza-se por um grave congestionamento de tráfego que se estende por longos períodos de ponta durante o dia. Esta situação põe em perigo o sistema de transportes, com o risco de interromper a funcionalidade da cidade, para além de provocar perdas económicas e ambientais. Os autores examinaram uma série de medidas de atenuação para melhorar o estado do tráfego ao longo da estrada Corniche El Mazraa. A única solução que poderia resultar em melhorias tangíveis nas condições de tráfego num ambiente urbano tão denso é a introdução de um sistema de transportes públicos fiável.

ÍNDICE DE CONTEÚDOS

LISTA DE ABREVIATURAS

PHF	Peak Hour Factor
LOS	Level of Service
PHV	Peak Hour Volume
PCU	Passenger Car Unit
HCM	Highway Capacity Manual

CAPÍTULO 1

INTRODUÇÃO

1.1 Geral

Este projeto consiste num estudo do tráfego e da sinalização dos cruzamentos ao longo da estrada Corniche El Mazraa, propondo em seguida as medidas de atenuação aplicáveis. O projeto está localizado na Corniche El Mazraa, que é uma rua principal de Beirute. Devido à grande utilização da estrada Corniche El Mazraa, os cruzamentos associados são intersecções fundamentais em Beirute. A estrada liga muitas regiões de Beirute, como Barbir, Barbour, Mar Elias e Cola. Estes cruzamentos sofrem de graves congestionamentos de tráfego. O problema ocorre de manhã, quando as pessoas se dirigem para os seus locais de trabalho, escolas, etc., e no regresso. O objetivo deste projeto é realizar um estudo de tráfego baseado no volume de veículos e nos semáforos. Por conseguinte, o objetivo deste estudo é propor soluções úteis e aplicáveis que possam reduzir o congestionamento de trânsito.

1.2 Declaração do problema

Beirute, a capital do Líbano, alberga a maior parte dos escritórios governamentais e de empresas privadas. Por isso, a cidade atrai diariamente uma grande parte da população. A Corniche El Mazraa é uma das principais artérias que dão acesso a muitas regiões de Beirute, como Raouche, Ein El Mreise, o centro de Beirute, Hamra, Achrafiye e Cola. Durante os períodos de ponta, a Corniche El Mazraa sofre de graves congestionamentos que se prolongam por muitas horas. Além disso, o mesmo acontece quando regressam.

1.3 Metas e objectivos

O autor efectuou um estudo de tráfego para compreender a razão do congestionamento. Foram propostas e testadas várias medidas de atenuação. Este relatório resume as conclusões e destaca a recomendação dos autores para aliviar o problema de congestionamento da Corniche El Mazraa.

1.4 Conteúdo

O presente relatório será composto por seis partes:

1.4.1 Estudos de tráfego

Neste capítulo, falaremos sobre a importância dos estudos de tráfego, os tipos de estudos de tráfego, o estudo de tráfego e os sinais de tráfego.

1.4.2 Descrição do projeto

A descrição da localização do sítio (localizações e congestionamento do tráfego). Além disso, a descrição das intersecções sinalizadas (movimento do tráfego, funcionamento do sinal, duração do ciclo).

1.4.3 Estudo de tráfego

O tipo de estudo de tráfego (tipo, duração, classificação dos veículos). Além disso, os dados do estudo de tráfego (volumes, volumes de contagens de movimentos de viragem, observação de filas de espera, duração do ciclo e tempo de verde). Além disso, a análise do estudo de tráfego (contagens, hora de ponta).

1.4.4 Modelação do tráfego

Neste capítulo, falaremos sobre o software, os parâmetros de modelação, os resultados da modelação para a junção isolada e os resultados da modelação para o modelo completo.

1.4.5 Medidas de atenuação

Neste capítulo, definiremos as medidas de atenuação e descrevê-las-emos, bem como a sua fundamentação. Além disso, modelaremos as medidas de atenuação propostas (modelação, avaliação do tráfego, comparação dos resultados com o modelo de base).

1.4.6 Conclusões e recomendações

Revisão das conclusões e recomendações. Comparação entre o modelo de base e o modelo de medidas de atenuação.

Figura 1.1: Rua Corniche El Mazraa (Google earth)

1.5 . Metodologia

Os estudos de tráfego foram realizados para ajudar na conceção geométrica e no controlo do tráfego. Além disso, estes estudos tendem a proporcionar uma circulação segura e eficiente do tráfego, a estudar a operacionalidade da estrada e a encontrar soluções para os engarrafamentos e a melhorar os fluxos de tráfego. Foram recolhidos os seguintes dados da área de estudo: inquérito ao tráfego (tipo, duração e classificação dos veículos), dados do inquérito ao tráfego (volumes, volumes de contagens de movimentos de viragem, observação de filas de espera, duração dos ciclos e tempo de verde) e análise do inquérito ao tráfego (contagens, hora de ponta). O software Synchro é utilizado para gerar modelos de tráfego que reflectem as situações de base da estrada e prevêem as condições futuras. Além disso, gera simulações de tráfego para observar a reação dos veículos ao projeto proposto antes de o implementar no terreno.

CAPÍTULO 2

ESTUDOS DE TRÁFEGO

2.1 A importância dos estudos de tráfego

O estudo de tráfego é um exame e uma análise pormenorizados de um sistema de transportes. Ajuda na conceção geométrica e no controlo do tráfego. Além disso, contribui para uma circulação segura e eficiente do tráfego. Além disso, estuda o estado de conservação das estradas. Além disso, os estudos de tráfego encontram soluções para os engarrafamentos e melhoram os fluxos de tráfego. Estes estudos conduzem a numerosos resultados, por exemplo, a quantidade de veículos em termos de tempo, pedido, hora de crista, volume da hora de ponta, componente da hora de ponta. Estes resultados são utilizados como parte de uma programação de actividades denominada Synchro. Estes resultados são utilizados em auto-estradas, intersecções rodoviárias, aeroportos e qualquer rede rodoviária onde exista ou possa existir um problema de tráfego.

2.2 Tipos de estudos de tráfego

Existem dois tipos de estudos de volume de tráfego: estudo de impacto de tráfego e estudo de avaliação. O estudo de impacto do tráfego destina-se a avaliar o impacto potencial de uma ação realizada por uma proposta de avanço ou de remodelação e a perceber as actualizações rodoviárias necessárias para garantir que o quadro rodoviário funcionará em segurança e o fornecimento interminável da mudança. A avaliação da atividade é um estudo alargado de todos os potenciais impactos nos transportes de uma proposta de progressão ou alteração, com uma disposição acordada para orientar quaisquer resultados desagradáveis. Cada novo avanço irá provocar tropeções no atual quadro de transportes, seja por meio de automóveis, veículos comerciais, ciclismo, caminhadas ou transportes abertos.

2.3 Estudo de tráfego

O estudo de tráfego tem como objetivo conhecer a quantidade de veículos que passam pela rua num determinado momento. Existem duas estratégias para o estudo dos volumes: a contagem automática ou a contagem manual. A contagem automática é um controlo mecânico que pode registar todo o volume de veículos que passam na rua; é realizada por um tubo, uma câmara ou sensores. A contagem mecânica pode fornecer um número útil de veículos durante o dia e a noite, mas este estudo não pode fornecer um pormenor do movimento do tráfego, do movimento de viragem e determinar o tipo de veículos. As contagens manuais requerem poucos exemplos de informação numa determinada área. As contagens manuais são utilizadas quando o esforço e o custo dos equipamentos informáticos não se justificam. Esta técnica consiste em reunir indivíduos que registam informações numa folha de contagem e determinam a classificação dos veículos nessa folha. A contagem manual é mais pormenorizada do que a contagem automática, mas o período de tempo é limitado.

Figure 2.1: Papel de registo para o estudo de tráfego (contagens manuais)

Figure 2.2: Contadores (contagens manuais)

Figura 2.3: Tubos para o estudo de tráfego (contagens automáticas)

Figura 2.4: Câmaras (contagens automáticas)

2.4 Sinais de trânsito

As intersecções podem ser controladas por sinais ou por placas. Os sinais de trânsito são um procedimento para compor o desenvolvimento do movimento e, em particular, quando existem convergências cruzadas. Os sinais de trânsito são utilizados para controlar e regular os movimentos de tráfego em conflito. A duração do ciclo é o tempo necessário para completar todas as fases do sinal. O tempo de verde é o período dado aos veículos para iniciarem a sua deslocação. Cada fase tem um tempo de verde fixo ou variável. A fase é o conjunto de condições ligadas a um ou vários fluxos de atividade no decurso dos quais o ciclo se torna indistinguível das condições luminosas do sinal. A fase é o rolamento das pernas em cada cruzamento.

Existem dois tipos de controlo de sinais nos sinais de trânsito, como o controlo sinalizado e o controlo não sinalizado. O controlo não sinalizado é quando os semáforos na estrada são substituídos por sinais como "livre", "ceder" e "parar". O controlo sinalizado consiste nas definições de temporização dos sinais, tais como pré-temporizado, semi-actuado-desordenado, actuado-desordenado e actuado-coordenado.

- Livre: a fase atribuída é "Livre" (100% de tempo verde). O caudal de saturação utilizado é o caudal de saturação permitido.
- Rendimento: não são atribuídas fases, o fluxo de saturação é o do RTOR.
- Paragem: não são atribuídas fases, o fluxo de saturação é o do RTOR. O rendimento e a paragem são tratados da mesma forma.
- Pré-temporizado: um sinal pré-temporizado não tem actuações do detetor e todas as fases estão definidas para a chamada máxima. O sinal é considerado coordenado porque a duração do ciclo é fixa em cada ciclo.
- Semi-actuado-não coordenado: um sinal semi-actuado chama a fase de passagem da rua principal para os seus valores máximos. As outras fases atribuídas podem saltar ou ficar fora de serviço com base na deteção de veículos. Este sinal não é considerado coordenado porque a duração do ciclo

  pode variar em cada ciclo.
- Actuado-desordenado: todas as fases estão totalmente activadas e não são definidas quaisquer chamadas. É permitido que a duração do ciclo varie em cada ciclo (com base na deteção), pelo que a intersecção é considerada descoordenada.
- Actuado-coordenado: neste caso, todas as fases que não sejam as fases coordenadas atribuídas são totalmente accionadas. O sinal funciona com um comprimento de ciclo fixo e qualquer tempo não utilizado no ciclo é adicionado à fase coordenada atribuída.

CAPÍTULO 3
DESCRIÇÃO DO PROJECTO

3.1 Localização do sítio

Beirute é a capital do Líbano. Esta cidade atrai cerca de 60-70% da população do Líbano. É a sede de todos os serviços oficiais e privados. A Corniche El Mazraa é uma estrada principal que conduz a muitas regiões de Beirute, como Raouche, Ein El Mreise, Down Town, Hamra, Achrafiye e Cola. Esta estrada é composta por cinco cruzamentos: Mar Elias (Figura 3.1), Barbour 1 (Figura 3.2), Barbour 2 (Figura 3.2), Cola (Figura 3.3) e Barbir (Figura 3.4). O nó de Mar Elias conduz a Raouche, Mar Elias, Hamra e Corniche El Mazraa. O nó de Barbir (1 e 2) dá acesso a Salim Slem, Down Town, Cola, Corniche El Mazraa, Raouche e Museum. O nó de Cola dá acesso a Tarii El Jdide, Barbir, Raouche e Salim Slem. O cruzamento de Barbir leva a Raouche, Cola, Tarii El Jdide e Museum.

A Corniche El Mazraa está a sofrer de um grave engarrafamento dc trânsito. Há muitas causas para o engarrafamento, tais como o estacionamento de veículos na berma da rua, o volume extremo de veículos para o tamanho da rua, o comportamento dos condutores e o antigo desenho da rua baseado em estudos antigos. O estacionamento na berma da rua diminui o número de faixas de rodagem, pelo que o fluxo de veículos será afetado negativamente. Para além disso, o excesso de volume de veículos irá abrandar o fluxo. Além disso, a estrada foi projectada há muito tempo com base em estatísticas e tecnologias antigas (sensores, detectores, etc.). Quando o congestionamento ocorre, todos os cruzamentos serão afectados por este congestionamento porque estão próximos uns dos outros. Além disso, os sinais perderão a sua função, pois não têm detectores e não são controlados pelo departamento de tráfego. Para além disso, as pessoas chegarão atrasadas a compromissos como empregos, escolas, universidades, etc.

3.2 Intersecções Sinalizadas

A sinalização de trânsito é um procedimento para compor o desenvolvimento do movimento, nomeadamente quando existem convergências cruzadas. A duração do ciclo é o tempo necessário para mostrar um agrupamento completo de etapas. O tempo de verde é um período concedido aos veículos para iniciarem a sua deslocação. A fase é o agrupamento de condições ligadas.

A Corniche El Mazraa é composta por cinco cruzamentos. Cada cruzamento tem um número de faixas de rodagem, um número de troços, sinais, aproximações e canais.

- O nó de Mar Elias tem três troços (troço 1, troço 2 e troço 3). O troço 3 é composto por duas faixas de rodagem, um sinal e duas aproximações (viragem à esquerda e viragem à direita) e um canal. O troço 1 é composto por três faixas de rodagem, um sinal e duas aproximações (passagem e viragem à direita). O troço 2 é composto por três vias, dois sinais (de passagem e de esquerda) e duas aproximações (de passagem e de viragem à esquerda) {Figura 3.1}.

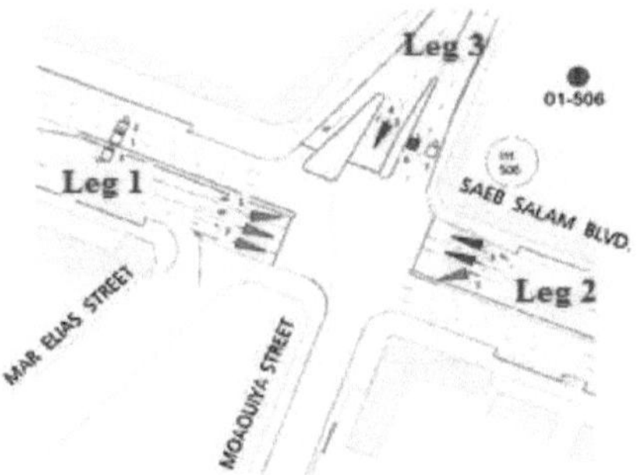

Figura 3.1: Entroncamento de Mar Elias (troços e aproximações)

A abordagem de passagem da perna oeste abre com as duas abordagens da perna leste. As aproximações esquerda e transversal da perna oeste abrem sozinhas. A perna norte abre sozinha. A aproximação de viragem à direita da perna leste é livre. A aproximação à direita da perna norte é canalizada (cedência). A

O tipo de controlo desta junção é pré-calibrado.

A duração do ciclo é o tempo decorrido entre o verde e o verde.

Tabela 3.1: Duração do ciclo dos cruzamentos (am-pm).

Junction	Cycle length am-pm (sec)
Mar Elias	120
Barbour 1	135
Barbour 2	135
Cola	135
Barbir	135

O tempo de verde é o tempo concedido aos veículos para atravessarem uma intersecção. A duração do ciclo e o tempo de verde foram obtidos manualmente por observação com um cronómetro.

Tabela 3.2: O tempo verde de Mar Elias (am-pm).

	Leg 1				Leg 2				leg 3			
	Through	Right turn	Left turn	U turn	Through	Right turn	Left turn	U turn	Through	Right turn	Left turn	U turn
am	94	-	36	-	58	58	-	-	-	26	26	-
pm	94	-	36	-	58	58	-	-	-	26	26	-

- O nó Barbour 1 tem três troços (Troço 1, Troço 2 e Troço 3). O troço 2 é composto por três faixas de rodagem, um sinal e três aproximações (passagem, viragem à direita e viragem à esquerda). O troço 1 é composto por três faixas de rodagem, um sinal e uma aproximação (passagem). O troço 3 é composto por três vias, um sinal e duas aproximações (passagem e viragem à direita) (Figura 3.2).

A perna leste abre com a perna oeste. A perna norte abre-se sozinha. A perna direita do

O troço norte e o troço oeste são de rendimento. O tipo de controlo deste cruzamento é pré-calibrado.

Tabela 3.3: O tempo verde do Barbour 1 (am-pm).

	Leg 1				Leg 2				leg 3			
	Through	Right turn	Left turn	U turn	Through	Right turn	Left turn	U turn	Through	Right turn	Left turn	U turn
am	73.5	-	-	-	61.5	61.5	61.5	-	73.5	-	-	-
pm	73.5	-	-	-	61.5	61.5	61.5	-	73.5	-	-	-

- O nó Barbour 2 tem três troços (Troço 1, Troço 2 e Troço 3). O troço 2 é composto por três faixas de rodagem, um sinal e três aproximações (passagem, viragem à direita e viragem à esquerda). O troço 1 é composto por três faixas de rodagem, um sinal e duas aproximações (passagem e viragem à direita). O troço 3 é composto por três vias, um sinal e uma aproximação (passagem) {Figura 3.2}.

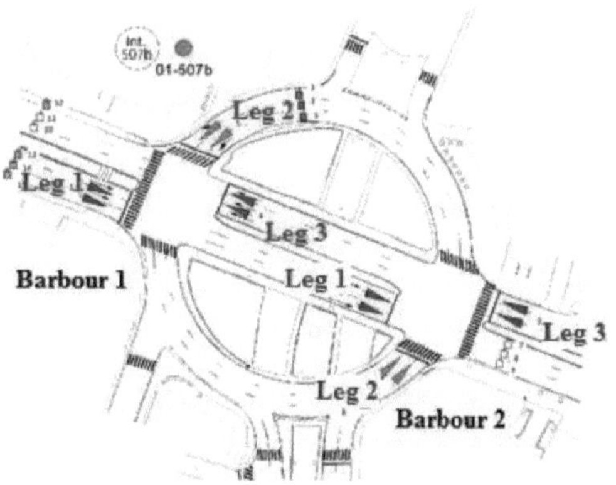

Figura 3.2: Cruzamentos de Barbour 1 e Barbour 2 (troços e aproximações)

A perna leste abre com a perna oeste. A perna sul abre-se sozinha. As abordagens direita do

O troço sul e o troço este são de rendimento. O tipo de controlo deste cruzamento é pré-calibrado.

Tabela 3.4: **O tempo verde do Barbour 2 (am-pm).**

	Leg 1				Leg 2				leg 3			
	Through	Right turn	Left turn	U turn	Through	Right turn	Left turn	U turn	Through	Right turn	Left turn	U turn
am	73.5	-	-	-	61.5	-	61.5	-	73.5	-	-	-
pm	73.5	-	-	-	61.5	-	61.5	-	73.5	-	-	-

- O nó de Cola tem quatro troços (Troço 1, Troço 2, Troço 3 e Troço 4). O troço 2 é composto por três faixas de rodagem, um sinal e três aproximações (passagem, viragem à direita e viragem à esquerda). O troço 4 é composto por duas faixas de rodagem, um sinal e uma aproximação (viragem à direita). O troço 1 é composto por quatro vias, dois sinais (de passagem e de esquerda) e duas aproximações (de passagem e de viragem à esquerda). O troço 3 é composto por três vias, um sinal e duas aproximações (passagem e viragem à direita) {Figura 3.3}.

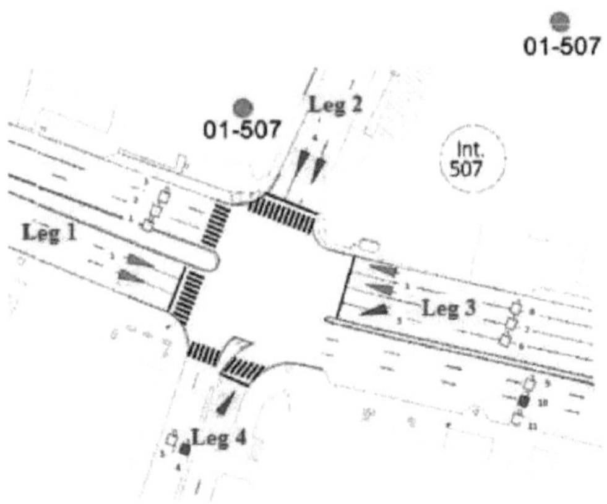

Figura 3.3: Cruzamento de Cola (troços e aproximações)

A perna oeste abre com a abordagem de passagem da perna leste. Em seguida, a perna leste abre com

a perna sul. De seguida, a perna norte abre com a aproximação direita da perna sul. As aproximações à direita do troço norte e do troço oeste são de cedência. O tipo de controlo deste cruzamento é pré-calibrado.

Tabela 3.5: O tempo verde da Cola (am-pm).

	Leg 1				Leg 2				leg 3				leg 4			
	Through	Right turn	Left turn	U turn	Through	Right turn	Left turn	U turn	Through	Right turn	Left turn	U turn	Through	Right turn	Left turn	U turn
am	58.5	-	-	-	24	-	24	-	111	-	52.5	52.5	-	76.5	-	-
pm	58.5	-	-	-	24	-	24	-	111	-	52.5	52.5	-	76.5	-	-

- O nó da Barbir tem três troços (troço 1, troço 2 e troço 3). O troço 3 é composto por duas faixas de rodagem, uma

O troço 1 é composto por três vias, um sinal e três aproximações (passagem, viragem à direita e viragem à esquerda). O troço 1 é composto por três vias, um sinal e uma aproximação (passagem). O troço 2 é composto por três vias, um sinal e uma aproximação (passagem) {Figura 3.4}.

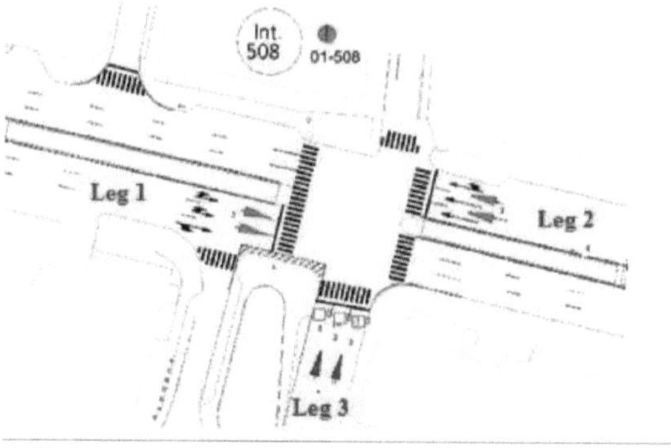

Figura 3.4: Entroncamento de Barbir (Pernas e aproximações)

A perna leste abre com a perna oeste. A perna sul abre-se sozinha. O tipo de controlo deste A junção é pré-cronometrada.

Tabela 3.6: O tempo verde do Barbir (am-pm).

	Leg 1				Leg 2				leg 3			
	Through	Right turn	Left turn	U turn	Through	Right turn	Left turn	U turn	Through	Right turn	Left turn	U turn
am	101.5	-	-	-	101.5	-	-	-	33.5	-	33.5	-
pm	101.5	-	-	-	101.5	-	-	-	33.5	-	33.5	-

CAPÍTULO 4
PESQUISA DE TRÁFEGO

4.1 Tipo de inquérito de tráfego

O estudo de tráfego é uma contagem do número de veículos que passam na estrada e nas intersecções com uma classificação de veículos. Existem dois tipos de estudo do tráfego: a contagem manual e a contagem automática. A contagem manual é efectuada manualmente através da observação do volume de veículos. A contagem automática é feita automaticamente por uma câmara de vídeo eletrónica de trânsito ou por tubos. Neste projeto, o tipo de estudo de tráfego utilizado é a contagem manual direta. O inquérito é efectuado com a participação humana. De acordo com este método, é possível obter o volume do estudo de tráfego, a classificação dos veículos e as proporções de viragem. Além disso, estes dados podem ser utilizados imediatamente após a recolha.

O estudo de tráfego foi efectuado num dia de semana normal. O estudo foi efectuado em dois períodos do dia: manhã e noite. O período da manhã foi das 6:00 às 9:00 horas. O período noturno foi das 17:00 às 20:00 horas. Nestes dois períodos, ocorre um congestionamento prejudicial porque as pessoas estão a ir para os seus trabalhos, escolas e universidades e a regressar.

Os veículos foram classificados em três categorias: automóveis, carrinhas e pick up e autocarros. Todas estas contagens foram recolhidas numa tabela dividida em três partes: reta, direita e esquerda. Cada parte contém estas categorias (automóveis, carrinhas e camionetas e autocarros).

4.2 Dados do inquérito de tráfego

O volume de tráfego é o número de veículos que atravessam a estrada numa determinada altura do dia. Os estudos de volume de tráfego são realizados para recolher informações sobre a quantidade de veículos que passam num ponto de uma rua durante um período de tempo predefinido.

Os volumes de contagens de movimentos de viragem são o número de veículos que atravessam cada aproximação em cada troço. Este processo é utilizado para conhecer a distribuição do fluxo ao longo das intersecções.

A fila de espera é o número de veículos parados no troço enquanto o sinal está vermelho. É observada através da contagem do número de veículos entre duas intersecções. Se a distância entre as duas intersecções for muito longa, tomamos um ponto como referência a uma distância que o olho pode ver.

A duração do ciclo é o tempo que decorre entre o verde e o verde (Quadro 3.1). O tempo de verde é o tempo concedido aos veículos para atravessar uma intersecção (Tabela 3.2). A duração do ciclo e o tempo de verde foram medidos manualmente por observação com um cronómetro.

4.3 Análise do estudo de tráfego

As contagens foram efectuadas manualmente de 5 em 5 minutos por movimento em cada cruzamento.

Além disso, os veículos foram classificados em 3 categorias: automóveis, carrinhas e autocarros. Houve 2 períodos de contagem: 6:00-9:00 (Tabela 4.1), e 17:00-8:00 (Tabela 4.2).

Tabela 4.1: Contagens de 5 em 5 minutos por movimento no cruzamento de Cola (am)

	Straight			Left			U turn		
	Cars	Bus	pick up or van	cars	Bus	pick up or van	Cars	Bus	Pick up or van
6:00-6:05	11	4	0	9	1	6	0	0	0
6:05-6:10	22	2	1	11	1	2	0	0	0
6:10-6:15	31	3	6	16	3	20	2	0	0
6:15-6:20	35	3	5	24	3	15	0	0	2
6:20-6:25	29	2	2	15	2	5	1	0	1
6:25-6:30	59	5	5	20	0	11	5	0	0
6:30-6:35	46	8	6	42	2	11	1	3	0
6:35-6:40	86	9	5	21	4	18	5	0	4
6:40-6:45	75	10	2	24	0	7	4	0	1
6:45-6:50	139	7	6	47	1	6	3	0	1
6:50-6:55	132	6	7	56	1	11	9	0	0
6:55-7:00	141	7	8	33	2	9	10	0	2
7:00-7:05	144	6	8	42	2	6	10	2	1
7:05-7:10	142	6	2	55	1	8	12	3	2
7:10-7:15	150	2	2	51	6	8	8	1	0
7:15-7:20	148	2	2	60	1	5	13	1	1
7:20-7:25	175	8	3	59	1	4	9	2	1
7:25-7:30	203	3	5	47	2	6	11	1	2
7:30-7:35	197	2	4	78	3	8	13	1	3
7:35-7:40	166	5	7	64	4	9	10	1	4
7:40-7:45	187	3	3	63	4	5	9	1	1
7:45-7:50	175	3	6	40	4	5	10	2	1
7:50-7:55	134	5	5	40	1	8	7	1	1
7:55-8:00	227	2	5	58	1	13	9	2	2
8:00-8:05	148	3	4	33	2	9	9	1	2
8:05-8:10	157	2	3	59	1	9	11	2	1
8:10-8:15	147	5	2	58	3	11	12	1	2
8:15-8:20	179	3	4	74	1	9	15	1	4
8:20-8:25	130	1	5	51	1	13	10	1	2
8:25-8:30	142	0	4	38	0	11	13	3	1
8:30-8:35	159	1	2	60	2	17	14	0	2
8:35-8:40	164	3	2	62	1	15	15	0	4
8:40-8:45	150	3	6	68	2	13	16	1	1
8:45-8:50	123	2	5	45	2	8	16	0	2
8:50-8:55	139	2	5	66	2	12	17	0	2
8:55-9:00	170	5	1	73	2	12	18	1	0
	4662	143	148	1662	69	345	327	32	53

Tabela 4.2: Contagens de 5 em 5 minutos por movimento no cruzamento de Cola (pm)

	Straight			Left			U turn		
	Cars	Bus	pick up or van	cars	Bus	pick up or van	Cars	Bus	Pick up or van
5:00-5:05	105	3	3	83	0	10	11	1	1
5:00-5:10	88	2	1	63	0	4	10	0	1
5:10-5:15	82	1	3	52	2	5	11	0	0
5:15-5:20	111	3	2	61	0	4	11	0	0
5:20-5:25	93	2	2	66	1	6	12	0	0
5:25-5:30	105	3	0	50	1	6	10	0	0
5:30-5:35	124	1	1	82	2	5	12	0	0
5:35-5:40	95	0	1	55	2	2	13	0	0
5:40-5:45	106	1	1	55	0	1	12	0	0
5:45-5:50	76	4	0	68	1	3	11	0	0
5:50-5:55	115	6	2	67	1	7	11	0	0
5:55-6:00	93	2	1	63	1	4	13	0	0
6:00-6:05	106	0	1	61	3	3	10	0	1
6:05-6:10	115	1	0	66	0	6	11	0	0
6:10-6:15	104	1	1	82	1	7	13	0	0
6:15-6:20	101	1	1	79	0	6	14	0	1
6:20-6:25	107	1	3	48	2	7	14	0	0
6:25-6:30	104	2	0	57	0	2	15	0	1
6:30-6:35	90	2	0	46	1	3	14	1	0
6:35-6:40	125	1	0	48	0	8	12	0	1
6:40-6:45	99	2	0	62	1	6	13	0	0
6:45-6:50	100	1	2	55	1	4	16	0	0
6:50-6:55	99	2	1	58	1	3	14	1	1
6:55-7:00	98	0	0	48	0	2	12	0	0
7:00-7:05	113	1	2	63	0	2	12	0	0
7:05-7:10	95	0	0	56	0	0	16	0	2
7:10-7:15	116	1	3	4	0	4	11	0	0
7:15-7:20	95	1	0	38	2	2	12	0	0
7:20-7:25	123	0	0	66	0	4	12	0	1
7:25-7:30	120	4	1	63	1	3	14	0	1
7:30-7:35	89	2	1	64	1	1	17	0	2
7:35-7:40	90	0	3	67	0	0	13	0	3
7:40-7:45	79	1	1	66	1	2	12	0	1
7:45-7:50	97	1	2	65	2	1	16	0	1
7:50-7:55	86	3	3	60	0	0	14	0	1
7:55-8:00	94	2	1	68	1	1	15	0	0
	3638	58	43	2155	29	134	459	3	19

Após a contagem dos dados a cada 5 minutos por movimento em cada cruzamento, compilamos os dados por 15 minutos (Tabela 4.3). Estes dados serão utilizados para determinar a hora de ponta.

Quadro 4.3: Dados por 15 minutos por movimento no cruzamento de Cola (am)

		Straight			Left			U turn			
		Cars	Bus	pick up or van	cars	Bus	pick up or van	Cars	Bus	Pick up or van	Total
6:00	6:15	64	9	7	36	5	28	2	0	0	151
6:15	6:30	123	10	12	59	5	31	6	0	3	249
6:30	6:45	207	27	13	87	6	36	10	3	5	394
6:45	7:00	412	20	21	136	4	26	22	0	3	644
7:00	7:15	436	14	12	148	9	22	30	6	3	680
7:15	7:30	526	13	10	166	4	15	33	4	4	775
7:30	7:45	550	10	14	205	11	22	32	3	8	855
7:45	8:00	536	10	16	138	6	26	26	5	4	767
8:00	8:15	452	10	9	150	6	29	32	4	5	697
8:15	8:30	451	4	13	163	2	33	38	5	7	716
8:30	8:45	473	7	10	190	5	45	45	1	7	783
8:45	9:00	432	9	11	184	6	32	51	1	4	730
		4662	143	148	1662	69	345	327	32	53	

Quadro 4.4: Dados por 15 minutos por movimento no cruzamento de Cola (pm)

		Straight			Left			U turn			
		Cars	Bus	pick up or van	cars	Bus	pick up or van	Cars	Bus	Pick up or van	Total
5:00	5:15	275	6	7	198	2	19	32	1	2	542
5:15	5:30	309	8	4	177	2	16	33	0	0	549
5:30	5:45	325	2	3	192	4	8	37	0	0	571
5:45	6:00	284	12	3	198	3	14	35	0	0	549
6:00	6:15	325	2	2	209	4	16	34	0	1	593
6:15	6:30	312	4	4	184	2	15	43	0	2	566
6:30	6:45	314	5	0	156	2	17	39	1	1	535
6:45	7:00	297	3	3	161	2	9	42	1	1	519
7:00	7:15	324	2	5	123	0	6	39	0	2	501
7:15	7:30	338	5	1	167	3	9	38	0	2	563
7:30	7:45	258	3	5	197	2	3	42	0	6	516
7:45	8:00	277	6	6	193	3	2	45	0	2	534
		3638	58	43	2155	29	134	459	3	19	

Em seguida, compilamos os dados por hora a cada 15 minutos para determinar a hora de ponta (Tabela 4.4 e Figura 4.1).

Quadro 4.5: Dados por hora com início a cada 15 minutos por movimento no nó de Cola (am)

		Straight			Left			U turn			
		Cars	Bus	pick up or van	cars	Bus	pick up or van	Cars	Bus	Pick up or van	Total
6:00	7:00	806	80	65	466	20	121	40	3	11	1612
6:15	7:15	1581	74	56	537	23	99	95	13	15	2493
6:30	7:30	1581	74	56	537	23	99	95	13	15	2493
6:45	7:45	1924	57	57	655	28	85	117	13	18	2954
7:00	8:00	2048	47	52	657	30	85	121	18	19	3077
7:15	8:15	2064	43	49	659	27	92	123	16	21	3094
7:30	8:30	1989	34	52	656	25	110	128	17	24	3035
7:45	8:45	1912	31	48	641	19	133	141	15	23	2963
8:00	9:00	1808	30	43	687	19	139	166	11	23	2926

Tabela 4.6: Dados por hora com início a cada 15 minutos por movimento no cruzamento de Cola (pm)

		Straight			Left			U turn			
		Cars	Bus	pick up or van	cars	Bus	pick up or van	Cars	Bus	Pick up or van	Total
5:00	6:00	1193	28	17	765	11	57	137	1	2	2211
5:15	6:15	1243	24	12	776	13	54	139	0	1	2262
5:30	6:30	1246	20	12	783	13	53	149	0	3	2279
5:45	6:45	1235	23	9	747	11	62	151	1	4	2243
6:00	7:00	1248	14	9	710	10	57	158	2	5	2213
6:15	7:15	1247	14	12	624	6	47	163	2	6	2121
6:30	7:30	1273	15	9	607	7	41	158	2	6	2118
6:45	7:45	1217	13	14	648	7	27	161	1	11	2099
7:00	8:00	1197	16	17	680	8	20	164	0	12	2114

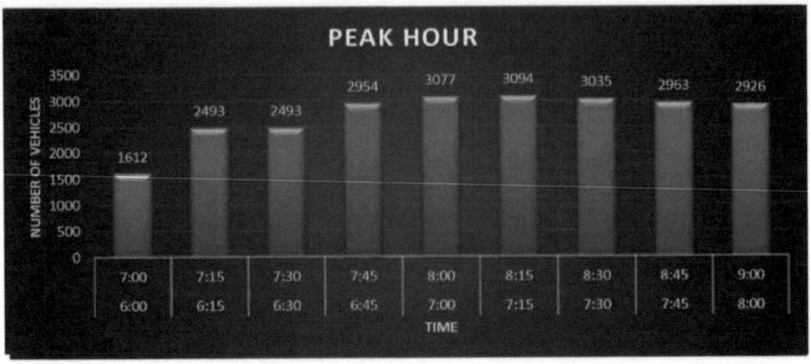

Figura 4.1: Dados por hora com início a cada 15 minutos por movimento no cruzamento de Cola (am)

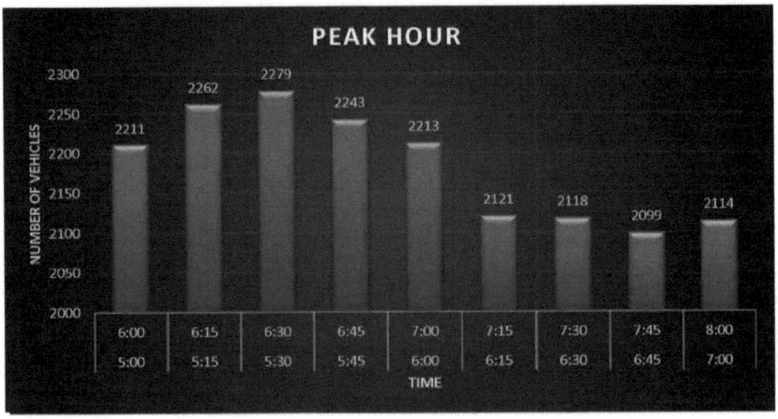

Figura 4.2: Dados por hora com início a cada 15 minutos por movimento no nó de Cola (pm)

A hora de ponta é a hora em que se regista o congestionamento. A hora de ponta por troço é determinada com base no volume máximo de veículos por hora, com início a cada 15 minutos (Figura 4.1).

A hora de ponta por cruzamento é a hora de ponta máxima por troço. Por exemplo, se cada troço tiver uma hora de ponta diferente, consideramos o volume total no cruzamento por cada hora de ponta e a hora de ponta que dá o volume total máximo no cruzamento será a hora de ponta do cruzamento (Quadro 4.5).

Tabela 4.7: Hora de ponta por entroncamento no entroncamento de Mar Elias (am)

Time	Leg 1	Leg 2	Leg 3	Total
7:30-8:30	1575	1840	673	4088
7:45-8:45	1581	1769	730	4080

Tabela 4.8: Hora de ponta por entroncamento no entroncamento Barbour 1 (am)

Time	Leg 1	Leg 2	Leg 3	Total
7:15-8:15	1807	1010	1910	4727

Tabela 4.9: Hora de ponta por entroncamento no entroncamento Barbour 2 (am)

Time	Leg 1	Leg 2	Leg 3	Total
7:00-8:00	1365	1427	2129	4921
7:15-8:15	1377	1491	2123	4991

Tabela 4.10: Hora de ponta por cruzamento no cruzamento de Cola (am)

Time	Leg 1	Leg 2	Leg 3	Leg 4	Total
7:15-8:15	1400	539	3094	739	5772
7:45-8:45	1294	462	2963	804	5523

Tabela 4.11: Hora de ponta por entroncamento no entroncamento de Barbir (am)

Time	Leg 1	Leg 2	Leg 3	Total
7:00-8:00	2539	2658	562	5759
7:15-8:15	2373	2671	593	5637
7:30-8:30	2284	2595	620	5499

Tabela 4.12: Hora de ponta por entroncamento no entroncamento de Mar Elias (pm)

Time	Leg 1	Leg 2	Leg 3	Total
6:45-7:45	1425	1296	596	3317
7:00-8:00	1451	1272	604	3327

Tabela 4.13: Hora de ponta por entroncamento no entroncamento Barbour 1 (pm)

Time	Leg 1	Leg 2	Leg 3	Total
5:00-6:00	1600	1051	1329	3980
5:15-6:15	1803	982	1229	4014

Tabela 4.14: Hora de ponta por entroncamento no entroncamento Barbour 2 (pm)

Time	Leg 1	Leg 2	Leg 3	Total
5:15-6:15	1324	1290	987	3601
6:00-7:00	1194	982	915	3091
7:00-8:00	1364	982	876	3222

Tabela 4.15: Hora de ponta por entroncamento no entroncamento de Cola (pm)

Time	Leg 1	Leg 2	Leg 3	Leg 4	Total
5:00-6:00	1060	393	2211	660	4324
5:30-6:30	1062	455	2279	637	4433
6:00-7:00	1251	460	2213	511	4435
6:30-7:30	1316	446	2118	459	4339

Tabela 4.16: Hora de ponta por entroncamento no entroncamento de Barbir (pm)

Time	Leg 1	Leg 2	Leg 3	Total
5:00-6:00	1716	2470	425	4611
5:15-6:15	1649	2319	441	4409
6:30-7:30	1954	2319	354	4627

Os volumes de tráfego correspondentes por hora de ponta de cada cruzamento são os seguintes

Tabela 4.17: Volumes de tráfego por hora de ponta (am)

Junction	Traffic volume
Mar Elias	4088
Barbour 1	4727
Barbour 2	4991
Cola	5772
Barbir	5759

Tabela 4.18: Volumes de tráfego por hora de ponta (pm)

Junction	Traffic volume
Mar Elias	3327
Barbour 1	4014
Barbour 2	3601
Cola	4435
Barbir	4627

A modelação de todos os cruzamentos como um sistema único exige uma hora de ponta unificada para todos os cruzamentos. A hora de ponta unificada é obtida através da recolha do volume total para todos os cruzamentos de 5 em 5 minutos. De seguida, os dados serão compilados de 15 em 15 minutos. Por último, os dados serão compilados por hora a partir de cada 15 minutos. A hora que tiver o volume máximo será considerada como a hora de ponta unificada para o sistema (Quadros 4.19; 4.20; 4.21; 4.22).

Tabela 4.19: Volume total em cada cruzamento a cada 5 minutos (am)

Time (am)	J1	J2	J3	J4	J5	Total
6:00-6:05	68	61	55	78	55	317
6:05-6:10	52	93	76	110	80	411
6:10-6:15	63	105	104	132	86	490
6:15-6:20	86	117	90	164	128	585
6:20-6:25	103	129	101	138	143	614
6:25-6:30	131	143	133	199	155	761
6:30-6:35	151	181	192	242	175	941
6:35-6:40	163	173	189	271	187	983
6:40-6:45	171	198	222	255	247	1093
6:45-6:50	223	254	327	357	281	1442
6:50-6:55	252	311	363	401	319	1646
6:55-7:00	270	340	242	367	332	1551
7:00-7:05	284	312	294	423	324	1637
7:05-7:10	368	333	348	404	363	1816
7:10-7:15	276	357	413	431	406	1883
7:15-7:20	341	429	422	486	422	2100
7:20-7:25	334	412	402	498	436	2082
7:25-7:30	245	400	416	524	416	2001
7:30-7:35	300	388	430	527	405	2050
7:35-7:40	336	427	449	470	487	2169
7:40-7:45	371	395	396	522	430	2114
7:45-7:50	311	384	477	471	414	2057
7:50-7:55	361	310	432	421	409	1933
7:55-8:00	380	380	442	501	437	2140
8:00-8:05	264	429	380	434	454	1961
8:05-8:10	399	399	380	471	419	2068
8:10-8:15	323	374	365	447	342	1851
8:15-8:20	362	322	328	497	378	1887
8:20-8:25	308	372	373	465	420	1938
8:25-8:30	373	357	332	417	397	1876
8:30-8:35	363	383	305	469	375	1895
8:35-8:40	291	361	327	460	319	1758
8:40-8:45	345	358	340	470	408	1921
8:45-8:50	312	374	299	407	379	1771
8:50-8:55	342	355	399	481	407	1984
8:55-9:00	230	322	315	454	310	1631

Tabela 4.20: Volume total em cada cruzamento a cada 5 minutos (pm)

Time (pm)	J1	J2	J3	J4	J5	Total
5:00-5:05	245	312	249	386	387	1579
5:00-5:10	186	345	273	317	358	1479
5:10-5:15	252	324	299	300	399	1574
5:15-5:20	248	350	295	370	385	1648
5:20-5:25	180	358	348	361	401	1648
5:25-5:30	273	300	315	371	415	1674
5:30-5:35	245	328	277	399	378	1627
5:35-5:40	307	295	257	355	365	1579
5:40-5:45	221	341	288	386	354	1590
5:45-5:50	331	339	248	335	414	1667
5:50-5:55	272	351	353	400	377	1753
5:55-6:00	283	337	284	344	340	1588
6:00-6:05	241	308	333	345	303	1530
6:05-6:10	287	339	342	357	339	1664
6:10-6:15	172	405	261	383	361	1582
6:15-6:20	297	333	259	376	408	1673
6:20-6:25	260	297	285	381	311	1534
6:25-6:30	305	341	290	372	363	1671
6:30-6:35	255	331	306	371	409	1672
6:35-6:40	292	366	255	387	365	1665
6:40-6:45	247	294	273	364	340	1518
6:45-6:50	318	315	275	379	369	1656
6:50-6:55	228	300	256	366	404	1554
6:55-7:00	264	315	310	354	488	1731
7:00-7:05	249	300	267	346	358	1520
7:05-7:10	295	301	288	335	361	1580
7:10-7:15	286	275	315	325	401	1602
7:15-7:20	308	277	273	353	416	1627
7:20-7:25	257	287	286	374	353	1557
7:25-7:30	269	285	250	385	360	1549
7:30-7:35	282	246	285	366	368	1547
7:35-7:40	296	273	259	371	382	1581
7:40-7:45	265	314	323	335	374	1611
7:45-7:50	291	313	349	322	328	1603
7:50-7:55	255	278	287	337	340	1497
7:55-8:00	274	252	195	287	327	1335

Tabela 4.21: **Hora de ponta unificada (am)**

Time (am)	All as one junction
6:00-7:00	10834
6:15-7:15	14952
6:30-7:30	18234
6:45-7:45	22491
7:00-8:00	23982
7:15-8:15	24526
7:30-8:30	24044
7:45-8:45	23285
8:00-900	22541

Tabela 4.22: **Hora de ponta unificada (pm)**

Time (pm)	All as one junction
5:00-6:00	19406
5:15-6:15	19550
5:30-6:30	19458
5:45-6:45	19517
6:00-7:00	19450
6:15-7:15	19376
6:30-7:30	19231
6:45-7:45	19115
7:00-8:00	18609

Os engenheiros de tráfego concentram-se no volume de tráfego em hora de ponta para avaliar a capacidade e outros parâmetros, uma vez que se trata do período de tempo mais crítico. Além disso, como qualquer condutor que passe pelas horas de ponta da manhã ou da noite sabe, é o período em que o volume de tráfego é máximo. A análise do nível de serviço depende das taxas da hora de ponta ou do fluxo que ocorre dentro da hora de ponta. A prática habitual é utilizar uma taxa de fluxo de 15 minutos em hora de ponta. As taxas de fluxo são geralmente expressas em veículos por hora, e não em veículos por 15 minutos (Quadro 4.23). A relação entre o caudal de ponta de 15 minutos e o volume horário total é dada pelo fator de hora de ponta (PHF), conforme indicado na equação seguinte:

$$PHF = \frac{Total\ volume\ per\ peak\ hour}{4 \times volume\ during\ peak\ 15\,\mathrm{min}\ within\ peak\ hour}$$

Quadro 4.23: Fator de hora de ponta (PHF)

Time	Volume	PHF	Volume/PHF
7:15-7:30	356	0.892857	399
7:30-7:45	392	0.892857	439
7:45-8:00	297	0.892857	333
8:00-8:15	355	0.892857	398
total	1400		1568

A percentagem de veículos pesados é a percentagem de autocarros e camiões. É obtida dividindo o volume de autocarros e camiões pelo volume total (Quadro 4.3.24).

Tabela 4.24: Percentagem de veículos na etapa 3 do cruzamento de Cola (am)

Straight			Left			U turn		
Cars	Bus	pick up or van	cars	Bus	pick up or van	Cars	Bus	Pick up or van
95.73%	1.99%	2.27%	84.70%	3.47%	11.83%	76.88%	10.00%	13.13%

A procura de tráfego é o volume total de veículos no cruzamento. É obtida através da compilação do número de veículos que atravessam o cruzamento e do número de veículos que param no sinal vermelho (fila) (Tabelas 4.25; 4.26; 4.27; 4.28).

Tabela 4.25: Hora de ponta unificada com base na procura (am)

Time (am)	All as one junction
6:00-7:00	11104
6:15-7:15	15264
6:30-7:30	18483
6:45-7:45	22755
7:00-8:00	24165
7:15-8:15	24598
7:30-8:30	24075
7:45-8:45	23259
8:00-900	22439

Tabela 4.26: Hora de ponta unificada com base na procura (pm)

Time (pm)	All as one junction
5:00-6:00	19900
5:15-6:15	19502
5:30-6:30	17743
5:45-6:45	19382
6:00-7:00	19305
6:15-7:15	19272
6:30-7:30	19142
6:45-7:45	18977
7:00-8:00	18467

Tabela 4.27: Procura por hora de ponta unificada no nó de Cola (am)

Leg 1	Time	Demand
	7:15-7:30	354
	7:30-7:45	396
	7:45-8:00	296
	8:00-8:15	362
	total	1408

Leg 2	Time	Demand
	7:15-7:30	182
	7:30-7:45	122
	7:45-8:00	127
	8:00-8:15	114
	total	545

Leg 3	Time	Demand
	7:15-7:30	775
	7:30-7:45	855
	7:45-8:00	767
	8:00-8:15	697
	total	3094

Leg 4	Time	Demand
	7:15-7:30	204
	7:30-7:45	160
	7:45-8:00	197
	8:00-8:15	196
	total	757

Tabela 4.28: Procura por Hora de Ponta Unificada no Entroncamento de Cola (pm)

Leg 1	Time	Demand
	5:00-5:15	299
	5:15-5:30	282
	5:30-5:45	262
	5:45-6:00	247
	total	1090

Leg 2	Time	Demand
	5:00-5:15	62
	5:15-5:30	121
	5:30-5:45	123
	5:45-6:00	103
	total	409

Leg 3	Time	Demand
	5:00-5:15	582
	5:15-5:30	549
	5:30-5:45	571
	5:45-6:00	549
	total	2251

Leg 4	Time	Demand
	5:00-5:15	176
	5:15-5:30	156
	5:30-5:45	184
	5:45-6:00	189
	total	705

Para ter em conta a presença de lojas de rua e estradas locais, são introduzidas ligações fictícias com o objetivo de equilibrar os volumes nas intersecções.

CAPÍTULO 5
MODELAÇÃO DO TRÁFEGO

5.1 Software Synchro

O Synchro é uma análise macroscópica e um pacote de software completo para modelação, otimização, gestão e simulação de sistemas de tráfego.

O Synchro foi utilizado devido à sua simplicidade. É um software fácil de aprender. Também implementa o método de utilização da capacidade da intersecção para determinar a capacidade da intersecção. Além disso, a otimização de sinais Synchro permite ao utilizador conhecer fases específicas, o que proporciona mais opções durante o desenvolvimento do plano de temporização de sinais.

Os dados de entrada necessários ao Synchro são os volumes de tráfego, os movimentos de viragem, a percentagem de veículos pesados, o fator de hora de ponta, o número de faixas de rodagem, a largura das faixas de rodagem, a velocidade de projeto e a duração do ciclo, que inclui o tempo de verde, o tempo de amarelo e o tempo de vermelho.

5.2 Parâmetros de modelação

Os parâmetros de modelação utilizados são a capacidade das vias, os tipos de controlo, a duração mínima e máxima dos ciclos e as fases de atraso e de deteção.

O modelo de base é o modelo baseado nos dados recolhidos para a situação existente. Foi efectuado para cada cruzamento e para toda a situação

É utilizado para determinar a capacidade da intersecção, o atraso da intersecção e o nível de serviço das intersecções ao longo da Corniche El Mazraa. Este modelo de base permite propor as medidas de correção adequadas.

Nível de serviço (LOS): O nível de serviço da intersecção é calculado tomando o atraso total da intersecção e convertendo-o em nível (A-F)

Atraso: é uma análise dos efeitos das filas de espera e do bloqueio em ligações curtas e cais de viragem curtos. Este atraso inclui a análise do refluxo, da fome e do bloqueio de armazenagem.

A utilização da capacidade de intersecção (ICU) é uma ferramenta simples para medir a capacidade de uma intersecção. A UCI não prevê atrasos, mas pode ser utilizada para prever a frequência com que uma intersecção sofrerá congestionamentos.

Tabela 5.1: Critérios de Nível de Serviço (HCM 2010)

Control Delay Per Vehicle (sec)	Level Of Service
≤ 10	A
> 10 and ≤ 20	B
20 > and ≤ 35	C
35 > and ≤ 55	D
55 > and ≤ 80	E
> 80	F

5.3 Resultados da modelação para a junção isolada

Quadro 5.2: Resultados para cruzamentos isolados (am)

Junction	Delay (sec)	LOS
Mar Elias	291	F
Barbour 1	52.4	D
Barbour 2	63.6	E
Cola	185	F
Barbir	23.3	C

Figura 5.1: Resultados para o nó de Mar Elias (am)

Figura 5.2: Resultados para o cruzamento Barbour 1 (am)

Figura 5.3: Resultados para o nó Barbour 2 (am)

Figura 5.4: Resultados para o nó de Cola (am)

Figura 5.5: Resultados para o nó de Barbir (am)

Quadro 5.3 Resultados para cruzamentos isolados (pm)

Junction	Delay (sec)	LOS
Mar Elias	31.4	C
Barbour 1	71.8	E
Barbour 2	29.2	C
Cola	150.9	F
Barbir	18.1	B

Figura 5.6: Resultados para o nó de Mar Elias (pm)

Figura 5.7: Resultados para o nó Barbour 1 (pm)

Figura 5.8: Resultados para o cruzamento Barbour 2 (pm)

Figura 5.9: Resultados para o nó de Cola (pm)

Figura 5.10: Resultados para o nó de Barbir (pm)

5.4 Resultados da modelação para o modelo completo da junção

Tabela 5.4: Resultados do modelo completo (am)

Junction	Delay (sec)	LOS
Mar Elias	77.3	E
Barbour 1	87.2	F

Barbour 2	116	F
Cola	204.2	F
Barbir	20.4	C

Figura 5.11: Resultados do modelo completo (am)

Quadro 5.5: Resultados do modelo completo (pm)

Junction	Delay (sec)	LOS
Mar Elias	31.9	C
Barbour 1	42.1	D
Barbour 2	363.8	F
Cola	398.5	F
Barbir	13.9	B

Figura 5.12: Resultados do modelo completo (pm)

CAPÍTULO 6

MEDIDAS DE ATENUAÇÃO

6.1 Definição

As medidas de mitigação são melhorias para reduzir os problemas causados pelo tráfego. Neste relatório, as medidas de mitigação foram utilizadas para melhorar o nível de serviço e reduzir o atraso das intersecções sinalizadas ao longo da Corniche El Mazraa. Existem muitos tipos de medidas de mitigação na engenharia de tráfego, como a otimização de sinais, alterações geométricas e transportes públicos.

6.2 Medidas de atenuação propostas

Neste projeto, propusemos nove medidas de atenuação:

6.2.1 Modelo de base e sinais accionados:

Nesta medida, alterámos o tipo de sinais para o modelo de base de sinais pré-temporizados para sinais actuados (otimização de sinais).

6.2.2 Modelo de base e transportes públicos:

Para além do modelo de base, propusemos um transporte público que pode reduzir o volume de veículos em 20%.

6.2.3 Modelo de base, sinais accionados e transportes públicos:

Esta medida é uma combinação das duas primeiras medidas.

6.2.4 Modelo de base e quatro faixas de rodagem em cada sentido:

Para além do modelo de base, retirámos as faixas de estacionamento das bermas da rua para aumentar o número de faixas (alteração geométrica).

6.2.5 *Quatro faixas de rodagem e sinais accionados:*

Alterámos o tipo de sinais para o modelo de base de sinais pré-temporizados para sinais actuados. Além disso, retirámos as faixas de estacionamento das bermas da rua.

6.2.6 *Túnel:*

Nesta medida, propusemos um túnel que começa entre o nó de Mar Elias e o nó de Barbour 1 e termina antes do nó de Barbir. Este túnel é um túnel dividido em quatro faixas (duas faixas em cada sentido). Esta medida pode ser considerada como uma alteração geométrica.

6.2.7 *Túnel e transportes públicos:*

Para além do túnel, propusemos um transporte público. O transporte público pode reduzir o volume de veículos.

6.2.8 *Túnel, e Sinais Accionados:*

Propusemos um túnel. Além disso, alterámos os tipos de sinais dos cruzamentos, que passaram de pré-temporizados a actuados.

6.2.9 *Túnel, transportes públicos e sinais accionados:*

Propusemos um túnel, transportes públicos e sinais actuados.

6.3 Modelação das medidas de atenuação

Manhã (am):

Figura 6.1: Modelo de base e sinais accionados

Figura 6.2: Modelo de base e transportes públicos

Figura 6.3: Modelo de base, sinais accionados e transportes públicos

Figura 6.4: Modelo de base e quatro faixas de rodagem em cada direção

Figura 6.5: Quatro faixas de rodagem e sinais accionados

Figura 6.6: Túnel

Figura 6.7: Túnel e 20% de transportes públicos

Figura 6.8: Túnel e sinais accionados

Figura 6.9: Túnel, 20% de transportes públicos e sinais accionados

Noite (pm):

Figura 6.10: Modelo de base e sinais accionados

Figura 6.11: Modelo de base e 20% de transportes públicos

Figura 6.12: Modelo de base, sinais accionados e 20% de transportes públicos

Figura 6.13: Modelo de base e quatro faixas de rodagem em cada sentido

Figura 6.14: Quatro faixas de rodagem e sinais accionados

Figura 6.15: Túnel

Figura 6.16: Túnel e 20% de transportes públicos

Figura 6.17: Túnel e sinais accionados

Figura 6.18: Túnel, 20% de transportes públicos e sinais actuados

Tabela 6.1: Modelo de base + Actuado (am)

Junction	LOS	Delay (s)
Mar Elias	E	57.1
Barbour 1	F	95.9
Barbour 2	F	128.8
Cola	F	153.7
Barbir	B	17.8

Quadro 6.2: Modelo de base + 20% de transportes públicos (am)

Junction	LOS	Delay (s)
Mar Elias	C	30.1
Barbour 1	C	31
Barbour 2	F	128.3
Cola	F	170.3
Barbir	B	14.2

Tabela 6.3: Modelo Base + Actuado + 20% Transporte Público (am)

Junction	LOS	Delay (s)
Mar Elias	C	27.2
Barbour 1	C	26.3
Barbour 2	C	34.7
Cola	F	81.4
Barbir	B	10.9

Tabela 6.4: Modelo de quatro faixas de rodagem (am)

Junction	LOS	Delay (s)
Mar Elias	C	29.9
Barbour 1	D	49.8
Barbour 2	E	72.5
Cola	F	118.7
Barbir	B	13.3

Tabela 6.5: Modelo de quatro faixas de rodagem + Actuado (am)

Junction	LOS	Delay (s)
Mar Elias	C	25.9
Barbour 1	D	53.8
Barbour 2	E	68.8
Cola	F	114.1
Barbir	B	13.1

Quadro 6.6: Túnel (am)

Junction	LOS	Delay (s)
Mar Elias	C	31.8
Barbour 1	B	19.9
Barbour 2	D	38
Cola	C	31
Barbir	B	65

Tabela 6.7: Túnel + Actuado (am)

Junction	LOS	Delay (s)
Mar Elias	C	30.2
Barbour 1	B	16.6
Barbour 2	C	26.1
Cola	C	24.5
Barbir	B	14.4

Quadro 6.8: Túnel + 20% de transportes públicos (am)

Junction	LOS	Delay (s)
Mar Elias	C	27.1
Barbour 1	B	15.1
Barbour 2	C	20.4
Cola	B	19.6
Barbir	B	13.7

Tabela 6.9: Túnel + Actuado + 20% Transporte Público (am)

Junction	LOS	Delay (s)
Mar Elias	C	25.4
Barbour 1	B	13.6
Barbour 2	C	22.1
Cola	B	18.7
Barbir	B	13.3

Tabela 6.10: Modelo de base + Actuado (pm)

Junction	LOS	Delay (s)
Mar Elias	C	22.5
Barbour 1	D	46.2
Barbour 2	F	174.2
Cola	F	146.2
Barbir	B	18.8

Quadro 6.11: Modelo de base + 20% de transportes públicos (pm)

Junction	LOS	Delay (s)
Mar Elias	C	20.5
Barbour 1	C	21.5
Barbour 2	C	30.2
Cola	F	104.4
Barbir	A	9.6

Tabela 6.12: Modelo Base + Actuado + 20% Transporte Público (pm)

Junction	LOS	Delay (s)
Mar Elias	B	18.4
Barbour 1	B	18.8
Barbour 2	E	77.2
Cola	E	64.8
Barbir	A	9.6

Tabela 6.13: Modelo de quatro faixas de rodagem (pm)

Junction	LOS	Delay (s)
Mar Elias	C	21.7
Barbour 1	C	33
Barbour 2	E	62.1
Cola	F	112.3
Barbir	B	10.7

Tabela 6.14: Modelo de quatro faixas de rodagem + Actuado (pm)

Junction	LOS	Delay (s)
Mar Elias	C	20.3
Barbour 1	C	31.3
Barbour 2	D	48.2
Cola	E	65.9
Barbir	B	10.5

Quadro 6.15: Túnel (pm)

Junction	LOS	Delay (s)
Mar Elias	B	18.9
Barbour 1	B	15.8
Barbour 2	C	23.5
Cola	C	27.2
Barbir	B	12.1

Quadro 6.16: Túnel + Actuado (pm)

	LOS	Delay (s)
Mar Elias	B	18.5
Barbour 1	B	16.1
Barbour 2	B	18.8
Cola	C	25.9
Barbir	B	11

Quadro 6.17: Túnel + 20% de transportes públicos (pm)

	LOS	Delay (s)
Mar Elias	B	14.3
Barbour 1	B	10.8
Barbour 2	A	8.8
Cola	C	27.4
Barbir	B	10.5

Quadro 6.18: Túnel + Actuado + 20% Transporte público (pm)

	LOS	Delay (s)
Mar Elias	B	14.3
Barbour 1	B	10.9
Barbour 2	A	9
Cola	B	18.5
Barbir	B	10.5

CAPÍTULO 7

CONCLUSÕES E RECOMENDAÇÕES

A Corniche El Mazraa é uma das principais estradas de Beirute, que liga as cidades vizinhas à capital. Esta estrada está a sofrer de um engarrafamento prejudicial devido ao grande volume de veículos. Este congestionamento causa muitos problemas de tráfego, como um mau nível de serviço (LOS) e atrasos elevados. Neste relatório, são propostas nove medidas de atenuação.

O *"Túnel + Actuado + 20% Transporte Público"* é a medida de atenuação óptima. No entanto, esta medida é muito dispendiosa. Além disso, a estrada será encerrada devido às obras de construção. Além disso, devido ao grande volume de veículos, o desvio do tráfego para outras estradas será muito difícil.

O *"Modelo Base + Actuado + 20% Transporte Público"* é a melhor medida de mitigação e a mais aplicável para o engarrafamento na Corniche El Mazraa. Esta medida não é dispendiosa e pode ser aplicada sem desviar o tráfego ou fechar a estrada.

LISTA DE REFERÊNCIAS

[1] Husch, D. & Albeck, J. (2006). Synchro Studio 7 [Software de computador]. Sugar Land, TX:

Trafficware,

[2] *HCM2010: Highway capacity manual.* (2010). Washington, DC: n.p.

APÊNDICE A: Dados do estudo de tráfego

Tabela A.1: Mar Elias Perna 3 Contagens de Tráfego e Procura (am)

Time	Straight			Left			Right			total	Q	demand
	Cars	Bus	pick up or van	cars	Bus	pick up or van	Cars	Bus	Pick up or van			
6:00-6:05	0	0	0	10	0	0	3	0	1	14	6	20
6:05-6:10	0	0	0	12	0	1	2	0	0	15	4	13
6:10-6:15	0	0	0	9	0	2	2	0	0	13	5	14
6:15-6:20	0	0	0	7	0	0	1	0	0	8	4	7
6:20-6:25	0	0	0	7	3	1	2	0	0	13	7	16
6:25-6:30	0	0	0	8	4	0	6	0	0	18	4	15
6:30-6:35	0	0	0	26	1	0	3	0	1	31	7	34
6:35-6:40	0	0	0	16	2	2	2	0	0	22	8	23
6:40-6:45	0	0	0	17	1	3	13	0	1	35	8	35
6:45-6:50	0	0	0	29	0	0	13	1	0	43	9	44
6:50-6:55	0	0	0	33	1	0	11	1	0	46	9	46
6:55-7:00	0	0	0	44	1	2	7	0	0	54	14	59
7:00-7:05	0	0	0	33	0	2	9	1	1	46	17	49
7:05-7:10	0	0	0	36	1	1	16	0	1	55	13	51
7:10-7:15	0	0	0	31	0	1	14	0	1	47	18	52
7:15-7:20	0	0	0	38	1	0	9	0	0	48	19	49
7:20-7:25	0	0	0	41	0	1	9	0	0	51	16	48
7:25-7:30	0	0	0	53	0	0	6	0	0	59	21	64
7:30-7:35	0	0	0	33	0	0	8	0	0	41	15	35
7:35-7:40	0	0	0	29	1	0	9	0	0	39	17	41
7:40-7:45	0	0	0	35	2	1	6	0	0	44	13	40
7:45-7:50	0	0	0	50	0	0	19	0	0	69	12	68
7:50-7:55	0	0	0	32	1	0	12	0	1	46	18	52
7:55-8:00	0	0	0	55	0	0	23	1	0	79	21	82
8:00-8:05	0	0	0	32	1	0	18	0	0	51	16	46
8:05-8:10	0	0	0	44	0	0	18	0	0	62	14	60
8:10-8:15	0	0	0	35	0	0	10	0	0	45	17	48
8:15-8:20	0	0	0	50	1	0	14	0	0	65	19	67
8:20-8:25	0	0	0	34	0	0	24	0	1	59	12	52
8:25-8:30	0	0	0	50	0	1	20	0	2	73	16	77
8:30-8:35	0	0	0	43	1	1	11	0	0	56	19	59
8:35-8:40	0	0	0	33	1	0	12	0	2	48	21	50
8:40-8:45	0	0	0	56	0	0	21	0	0	77	10	66
8:45-8:50	0	0	0	40	0	0	10	0	0	50	13	53
8:50-8:55	0	0	0	43	1	1	16	0	1	62	16	65
8:55-9:00	0	0	0	40	0	0	13	0	1	54	15	53

Tabela A.2: Contagens de Tráfego e Procura da Perna 3 de Mar Elias (pm)

Time	Straight			Left			Right			Total	Q	Demand
	Cars	Bus	pick up or van	cars	Bus	pick up or van	Cars	Bus	Pick up or van			
5:00-5:05	0	0	0	39	0	0	13	0	0	52	14	66
5:00-5:10	0	0	0	35	1	0	8	0	0	44	19	49
5:10-5:15	0	0	0	43	0	0	11	0	0	54	18	53
5:15-5:20	0	0	0	40	1	1	6	0	1	49	17	48
5:20-5:25	0	0	0	32	2	0	10	0	0	44	19	46
5:25-5:30	0	0	0	34	0	0	13	0	0	47	17	45
5:30-5:35	0	0	0	36	0	0	9	0	0	45	20	48
5:35-5:40	0	0	0	37	0	0	18	0	0	55	18	53
5:40-5:45	0	0	0	36	1	0	14	0	0	51	16	49
5:45-5:50	0	0	0	35	0	0	12	0	0	47	11	42
5:50-5:55	0	0	0	39	0	0	8	0	0	47	15	51
5:55-6:00	0	0	0	27	0	0	11	0	1	39	17	41
6:00-6:05	0	0	0	29	1	1	11	0	1	43	11	37
6:05-6:10	0	0	0	29	1	0	16	0	0	46	16	51
6:10-6:15	0	0	0	39	1	0	11	0	0	51	13	48
6:15-6:20	0	0	0	33	0	0	12	1	1	47	18	52
6:20-6:25	0	0	0	39	1	0	19	0	0	59	15	56
6:25-6:30	0	0	0	31	1	0	14	0	0	46	21	52
6:30-6:35	0	0	0	47	1	2	10	0	0	60	18	57
6:35-6:40	0	0	0	24	0	0	15	0	0	39	12	33
6:40-6:45	0	0	0	35	1	1	15	0	0	52	14	54
6:45-6:50	0	0	0	19	0	0	20	0	0	39	9	34
6:50-6:55	0	0	0	16	0	0	21	0	0	37	12	40
6:55-7:00	0	0	0	21	2	0	17	0	0	40	14	42
7:00-7:05	0	0	0	39	0	0	19	0	0	58	17	61
7:05-7:10	0	0	0	31	0	0	24	0	0	55	17	55
7:10-7:15	0	0	0	37	1	0	25	0	0	63	15	61
7:15-7:20	0	0	0	25	0	0	20	0	0	45	18	48
7:20-7:25	0	0	0	47	2	0	15	0	0	64	19	65
7:25-7:30	0	0	0	23	0	0	18	0	0	41	24	46
7:30-7:35	0	0	0	49	1	1	22	0	0	73	14	63
7:35-7:40	0	0	0	20	0	0	13	0	0	33	13	32
7:40-7:45	0	0	0	37	1	1	9	0	0	48	17	52
7:45-7:50	0	0	0	30	0	0	7	0	0	37	16	36
7:50-7:55	0	0	0	43	0	0	12	0	0	55	18	57
7:55-8:00	0	0	0	27	0	0	5	0	0	32	19	33

Tabela A.3: Contagens de Tráfego e Procura da 1ª Etapa de Mar Elias (am)

	Straight			Left			U turn			Total	Q	Demand
Time	Cars	Bus	pick up or van	cars	Bus	pick up or van	Cars	Bus	Pick up or van			
6:00-6:05	11	0	0	0	0	0	0	0	0	11	0	11
6:05-6:10	11	0	3	1	0	1	0	0	0	16	0	16
6:10-6:15	14	0	4	1	0	1	0	0	0	20	0	20
6:15-6:20	18	2	0	7	2	0	0	0	0	29	2	31
6:20-6:25	25	1	2	3	2	0	0	0	0	33	3	34
6:25-6:30	33	1	2	6	0	0	0	0	0	42	1	40
6:30-6:35	42	3	0	8	1	0	2	0	0	56	5	60
6:35-6:40	33	3	2	21	2	0	4	1	2	68	7	70
6:40-6:45	35	4	5	9	2	2	1	1	0	59	8	60
6:45-6:50	58	2	3	10	0	0	3	0	0	76	5	73
6:50-6:55	41	1	5	16	1	0	3	0	0	67	4	66
6:55-7:00	66	4	4	27	0	3	0	0	0	104	16	116
7:00-7:05	55	1	3	28	0	1	2	0	0	90	14	88
7:05-7:10	98	4	5	15	1	0	5	0	0	128	20	134
7:10-7:15	74	5	0	33	1	3	5	0	0	121	19	120
7:15-7:20	80	8	4	38	0	2	5	0	0	137	21	139
7:20-7:25	70	7	1	33	0	1	4	0	0	116	20	115
7:25-7:30	70	4	3	23	0	0	6	0	0	106	17	103
7:30-7:35	92	3	2	28	1	1	6	0	0	133	24	140
7:35-7:40	81	2	3	27	0	0	8	0	0	121	20	117
7:40-7:45	93	2	4	38	1	1	11	0	0	150	30	160
7:45-7:50	79	1	4	23	1	0	6	0	0	114	28	112
7:50-7:55	77	3	3	36	3	0	10	0	0	132	27	131
7:55-8:00	80	2	5	31	0	2	9	0	0	129	27	129
8:00-8:05	49	3	3	33	1	2	8	0	1	100	24	97
8:05-8:10	91	4	0	55	1	1	7	0	0	159	33	168
8:10-8:15	86	2	2	40	2	0	6	0	0	138	30	135
8:15-8:20	82	4	3	38	1	1	6	0	1	136	30	136
8:20-8:25	78	1	6	38	1	3	10	0	0	137	27	134
8:25-8:30	76	7	9	25	1	3	5	0	0	126	30	129
8:30-8:35	81	2	2	43	2	3	12	0	0	145	35	150
8:35-8:40	95	4	6	28	0	2	7	0	1	143	40	148
8:40-8:45	81	4	3	22	2	2	7	0	1	122	27	109
8:45-8:50	103	0	5	41	0	0	12	0	1	162	33	168
8:50-8:55	82	3	5	25	2	1	7	0	1	126	30	123
8:55-9:00	50	0	4	22	0	0	10	0	0	86	25	81

Tabela A.4: Contagens de Tráfego e Procura da 1ª Etapa de Mar Elias (pm)

	Straight			Left			U turn			Total	Q	Demand
Time	Cars	Bus	pick up or van	cars	Bus	pick up or van	Cars	Bus	Pick up or van			
5:00-5:05	60	0	1	11	0	0	2	0	0	74	36	110
5:05-5:10	55	1	0	8	0	1	4	0	0	69	42	75
5:10-5:15	81	1	1	22	1	1	6	0	0	113	48	119
5:15-5:20	67	2	0	15	0	0	6	0	0	90	35	77
5:20-5:25	48	0	0	12	0	0	5	0	0	65	30	60
5:25-5:30	68	0	1	13	0	0	5	0	0	87	36	93
5:30-5:35	81	3	0	21	0	0	12	0	0	117	40	121
5:35-5:40	96	0	1	19	2	1	4	0	0	123	46	129
5:40-5:45	51	0	1	19	1	0	7	0	0	79	55	88
5:45-5:50	122	2	0	20	0	0	1	0	0	145	45	135
5:50-5:55	97	0	0	33	0	0	7	0	1	138	35	128
5:55-6:00	94	2	0	31	0	0	6	0	0	133	34	132
6:00-6:05	88	1	1	30	0	0	6	0	0	126	32	124
6:05-6:10	78	2	1	31	0	0	5	0	0	117	30	115
6:10-6:15	10	1	3	22	1	0	9	0	0	46	30	46
6:15-6:20	97	0	3	23	1	1	5	0	0	130	36	136
6:20-6:25	79	1	1	21	1	0	7	0	0	110	30	104
6:25-6:30	94	1	2	28	0	0	3	0	0	128	35	133
6:30-6:35	101	1	1	18	0	0	4	0	0	125	38	128
6:35-6:40	92	2	2	23	0	0	5	0	0	124	50	136
6:40-6:45	97	1	1	2	0	0	2	0	0	103	40	93
6:45-6:50	104	1	1	24	0	1	10	0	0	141	25	126
6:50-6:55	80	1	2	16	0	0	11	0	1	111	16	102
6:55-7:00	75	1	2	17	0	0	6	0	1	102	15	101
7:00-7:05	86	1	0	12	0	0	3	0	0	102	22	109
7:05-7:10	92	4	0	22	1	0	8	0	0	127	24	129
7:10-7:15	103	0	0	18	0	0	6	0	0	127	19	122
7:15-7:20	96	2	2	27	1	2	6	0	0	136	15	132
7:20-7:25	92	0	2	11	0	0	3	0	0	108	12	105
7:25-7:30	87	2	1	21	0	0	7	0	0	118	13	119
7:30-7:35	87	0	1	17	1	0	5	0	0	111	9	107
7:35-7:40	103	0	0	16	0	0	5	0	0	124	19	134
7:40-7:45	95	0	2	13	0	0	8	0	0	118	8	107
7:45-7:50	96	2	0	26	0	1	6	0	0	131	3	126
7:50-7:55	92	0	1	19	0	0	6	0	0	118	8	123
7:55-8:00	96	0	2	20	0	0	13	0	0	131	0	123

Tabela A.5: Contagens de Tráfego e Demanda da Perna 2 de Mar Elias (am)

	Straight			Left			U turn			*Total*	*Q*	*Demand*
Time	Cars	Bus	ck up or va	cars	Bus	ck up or va	Cars	Bus	Pick up or van			
6:00-6:05	30	2	2	3	0	0	6	0	0	43	7	50
6:05-6:10	13	2	2	1	0	0	3	0	0	21	4	18
6:10-6:15	21	1	2	2	0	0	4	0	0	30	5	31
6:15-6:20	32	5	3	5	0	0	4	0	0	49	3	47
6:20-6:25	38	2	3	1	0	0	13	0	0	57	16	70
6:25-6:30	39	3	6	2	1	0	17	1	2	71	8	63
6:30-6:35	41	9	6	3	1	0	3	1	0	64	16	72
6:35-6:40	46	5	1	4	0	0	15	1	1	73	12	69
6:40-6:45	50	9	1	3	0	0	13	0	1	77	21	86
6:45-6:50	75	4	4	3	0	0	17	0	1	104	17	100
6:50-6:55	111	3	6	2	0	0	16	0	1	139	40	162
6:55-7:00	88	4	7	2	0	0	10	0	1	112	43	115
7:00-7:05	115	2	11	5	0	0	11	3	1	148	44	149
7:05-7:10	156	1	2	8	0	0	17	1	0	185	36	177
7:10-7:15	78	3	2	7	0	0	18	0	0	108	34	106
7:15-7:20	143	1	3	3	0	0	6	0	0	156	31	153
7:20-7:25	132	1	5	11	0	0	18	0	0	167	18	154
7:25-7:30	64	1	3	4	0	0	8	0	0	80	16	78
7:30-7:35	106	2	2	3	0	0	13	0	0	126	19	129
7:35-7:40	151	2	6	2	0	0	14	0	1	176	20	177
7:40-7:45	148	2	4	5	0	0	18	0	0	177	30	187
7:45-7:50	108	0	2	3	0	0	15	0	0	128	50	148
7:50-7:55	166	2	4	2	0	0	9	0	0	183	32	165
7:55-8:00	143	5	4	1	0	0	19	0	0	172	29	169
8:00-8:05	101	1	1	0	0	0	9	0	1	113	25	109
8:05-8:10	154	4	0	0	0	0	17	2	1	178	16	169
8:10-8:15	124	3	0	1	0	0	12	0	0	140	27	151
8:15-8:20	131	3	0	2	7	0	18	0	0	161	35	169
8:20-8:25	92	4	2	1	2	0	11	0	0	112	31	108
8:25-8:30	143	4	4	3	0	0	20	0	0	174	33	176
8:30-8:35	133	1	4	5	0	0	19	0	0	162	33	162
8:35-8:40	84	0	2	2	0	0	12	0	0	100	33	100
8:40-8:45	116	2	2	4	0	0	21	0	1	146	40	153
8:45-8:50	77	3	0	5	1	0	12	1	1	100	40	100
8:50-8:55	124	4	2	1	0	0	22	0	1	154	40	154
8:55-9:00	76	1	1	3	0	0	9	0	0	90	25	75

Tabela A.6: Contagens de tráfego e procura do troço 2 de Mar Elias (pm)

	Straight			Left			Right			Total	Q	Demand
Time	Cars	Bus	pick up or van	cars	Bus	pick up or van	Cars	Bus	Pick up or van			
5:00-5:05	98	1	1	5	0	0	14	0	0	119	19	138
5:05-5:10	61	1	1	0	0	0	10	0	0	73	27	81
5:10-5:15	71	0	1	0	0	0	13	0	0	85	23	81
5:15-5:20	90	2	2	1	0	0	14	0	0	109	13	99
5:20-5:25	49	1	1	1	0	0	19	0	0	71	16	74
5:25-5:30	117	7	0	5	0	0	10	0	0	139	31	154
5:30-5:35	72	1	1	0	0	0	9	0	0	83	11	63
5:35-5:40	108	4	2	0	0	0	15	0	0	129	13	131
5:40-5:45	76	2	0	0	0	0	13	0	0	91	14	92
5:45-5:50	120	1	4	0	0	0	14	0	0	139	28	153
5:50-5:55	64	5	1	0	0	0	17	0	0	87	10	69
5:55-6:00	82	1	5	0	0	0	22	1	0	111	15	116
6:00-6:05	55	2	1	1	0	0	13	0	0	72	13	70
6:05-6:10	99	0	2	0	0	0	23	0	0	124	12	123
6:10-6:15	59	2	0	0	0	0	14	0	0	75	3	66
6:15-6:20	97	1	4	3	0	0	15	0	0	120	12	129
6:20-6:25	77	1	0	0	0	0	13	0	0	91	11	90
6:25-6:30	105	2	0	5	0	0	19	0	0	131	14	134
6:30-6:35	59	1	0	1	0	0	8	0	1	70	10	66
6:35-6:40	109	0	0	7	0	0	13	0	0	129	10	129
6:40-6:45	71	0	1	8	0	0	12	0	0	92	13	95
6:45-6:50	119	1	2	4	0	0	12	0	0	138	10	135
6:50-6:55	67	4	1	1	0	0	7	0	0	80	10	80
6:55-7:00	94	1	2	9	0	0	16	0	0	122	17	129
7:00-7:05	71	0	2	3	0	0	12	0	1	89	13	85
7:05-7:10	97	2	1	3	0	0	9	0	1	113	12	112
7:10-7:15	71	1	0	6	0	0	18	0	0	96	23	107
7:15-7:20	105	4	0	8	0	0	10	0	0	127	16	120
7:20-7:25	69	0	0	1	0	0	14	0	1	85	9	78
7:25-7:30	82	0	1	10	0	0	16	0	1	110	24	125
7:30-7:35	77	0	1	4	0	0	16	0	0	98	17	91
7:35-7:40	112	1	2	8	0	0	16	0	0	139	15	137
7:40-7:45	80	0	1	7	0	0	11	0	0	99	10	94
7:45-7:50	93	1	1	8	0	0	18	0	2	123	15	128
7:50-7:55	66	0	1	4	0	0	11	0	0	82	19	86
7:55-8:00	94	0	0	7	0	0	10	0	0	111	13	105

Tabela A.7: Contagens de tráfego e procura do Barbour 1 Leg 1 (am)

	Straight			right			Total	Q	Demand
Time	Cars	Bus	pick up or van	cars	Bus	pick up or van			
6:00-6:05	13	0	2	7	0	1	23	3	26
6:05-6:10	16	1	2	15	0	1	35	0	32
6:10-6:15	13	1	2	17	1	2	36	0	36
6:15-6:20	23	0	1	20	0	3	47	2	49
6:20-6:25	18	4	1	22	1	1	47	1	46
6:25-6:30	19	0	1	18	4	3	45	2	46
6:30-6:35	18	3	2	30	2	4	59	0	57
6:35-6:40	21	2	1	29	1	2	56	2	58
6:40-6:45	39	2	0	26	6	4	77	5	80
6:45-6:50	40	1	3	43	2	6	95	1	91
6:50-6:55	53	0	4	38	2	4	101	3	103
6:55-7:00	72	2	7	43	3	0	127	0	124
7:00-7:05	44	5	0	40	1	4	94	4	98
7:05-7:10	56	5	3	55	3	1	123	10	129
7:10-7:15	77	5	2	59	2	1	146	7	143
7:15-7:20	87	5	2	50	3	0	147	22	162
7:20-7:25	96	3	4	51	0	3	157	24	159
7:25-7:30	84	6	1	43	1	3	138	25	139
7:30-7:35	74	3	3	66	0	3	149	35	159
7:35-7:40	108	1	6	65	2	1	183	45	193
7:40-7:45	90	2	4	65	1	6	168	42	165
7:45-7:50	84	0	3	62	1	2	152	46	156
7:50-7:55	64	1	3	46	2	3	119	50	123
7:55-8:00	86	1	5	54	4	3	153	70	173
8:00-8:05	89	2	4	59	3	3	160	70	160
8:05-8:10	100	1	3	46	5	3	158	70	158
8:10-8:15	80	0	1	40	2	0	123	50	103
8:15-8:20	65	2	2	40	1	0	110	40	100
8:20-8:25	91	2	7	63	2	1	166	30	156
8:25-8:30	71	1	4	50	8	2	136	35	141
8:30-8:35	80	2	1	57	5	2	147	20	132
8:35-8:40	65	0	0	53	2	1	121	40	141
8:40-8:45	88	1	3	50	1	2	145	30	135
8:45-8:50	75	2	3	51	1	5	137	20	127
8:50-8:55	85	3	1	60	1	2	152	35	167
8:55-9:00	68	0	4	38	0	0	110	25	100

Tabela A.8: Contagens de tráfego e procura do Barbour 1 Leg 1 (pm)

	Straight			Right			Total	Q	Demand
Time	Cars	Bus	pick up or van	cars	Bus	pick up or van			
5:00-5:05	71	1	3	44	0	1	120	36	156
5:05-5:10	89	0	1	37	1	2	130	50	144
5:10-5:15	73	1	3	40	1	5	123	60	133
5:15-5:20	74	1	1	32	2	0	110	65	115
5:20-5:25	73	1	1	42	1	2	120	75	130
5:25-5:30	68	0	0	21	0	1	90	80	95
5:30-5:35	101	0	1	39	1	1	143	80	143
5:35-5:40	94	3	0	59	0	0	156	70	146
5:40-5:45	97	1	2	55	0	1	156	80	166
5:45-5:50	93	1	1	51	0	0	146	65	131
5:50-5:55	90	1	0	66	1	0	158	60	153
5:55-6:00	91	1	1	53	0	2	148	70	158
6:00-6:05	70	2	0	47	1	2	122	60	112
6:05-6:10	104	0	0	45	0	1	150	50	140
6:10-6:15	117	2	3	46	1	1	170	50	170
6:15-6:20	109	1	0	55	1	0	166	40	156
6:20-6:25	86	0	4	53	0	1	144	50	154
6:25-6:30	91	2	1	49	1	0	144	45	139
6:30-6:35	87	1	2	48	0	1	139	55	149
6:35-6:40	105	0	3	49	1	1	159	30	134
6:40-6:45	96	1	0	34	3	0	134	35	139
6:45-6:50	83	2	1	44	0	0	130	40	135
6:50-6:55	86	2	2	47	2	1	140	50	150
6:55-7:00	99	1	0	53	1	1	155	50	155
7:00-7:05	106	0	1	44	0	1	152	35	137
7:05-7:10	91	1	1	53	1	0	147	30	142
7:10-7:15	75	3	2	39	0	0	119	30	119
7:15-7:20	80	2	0	41	0	0	123	40	133
7:20-7:25	90	1	0	42	2	2	137	30	127
7:25-7:30	80	2	1	48	1	1	133	40	143
7:30-7:35	66	0	0	51	0	0	117	40	117
7:35-7:40	83	0	0	44	1	1	129	25	114
7:40-7:45	85	1	0	63	0	1	150	20	145
7:45-7:50	87	0	4	51	1	0	143	40	163
7:50-7:55	60	1	2	53	1	0	117	30	107
7:55-8:00	66	0	0	48	1	1	116	18	104

Tabela A.9: Contagens de tráfego e procura da Barbour 1 Perna 2 (am)

	Straight			Left			U turn			*Total*	*Q*	*Demand*
Time	Cars	Bus	ck up or va	cars	Bus	ck up or va	Cars	Bus	Pick up or van			
6:00-6:05	9	2	1	3	0	0	5	0	0	20	2	22
6:05-6:10	12	1	1	2	0	0	8	0	0	24	2	24
6:10-6:15	15	0	0	1	0	0	14	1	0	31	2	31
6:15-6:20	16	3	0	1	0	1	9	0	2	32	4	34
6:20-6:25	21	4	0	2	0	0	4	1	1	33	2	31
6:25-6:30	10	1	0	7	0	0	18	0	3	39	11	48
6:30-6:35	11	2	1	5	1	1	14	1	3	39	5	33
6:35-6:40	12	3	3	3	0	0	12	3	1	37	4	36
6:40-6:45	13	1	1	5	0	1	12	0	1	34	7	37
6:45-6:50	17	1	0	8	0	0	16	1	0	43	8	44
6:50-6:55	20	2	3	8	0	0	13	4	5	55	10	57
6:55-7:00	41	1	0	14	0	0	22	2	0	80	15	85
7:00-7:05	29	1	4	10	0	0	24	1	3	72	16	73
7:05-7:10	33	1	1	7	0	0	27	2	0	71	16	71
7:10-7:15	26	1	3	18	0	0	16	0	1	65	17	66
7:15-7:20	57	0	1	25	1	1	29	0	0	114	11	108
7:20-7:25	42	0	1	20	0	1	22	0	0	86	11	86
7:25-7:30	31	1	3	21	0	2	20	0	0	78	12	79
7:30-7:35	37	0	0	19	0	0	22	0	1	79	16	83
7:35-7:40	57	2	0	20	0	0	25	0	0	104	7	95
7:40-7:45	42	1	2	16	0	1	20	1	2	85	13	91
7:45-7:50	34	1	0	15	0	0	12	0	2	64	13	64
7:50-7:55	36	0	1	15	0	0	6	0	1	59	16	62
7:55-8:00	43	2	1	15	0	1	21	0	0	83	12	79
8:00-8:05	50	1	0	34	0	0	29	0	1	115	14	117
8:05-8:10	34	0	0	16	0	0	15	0	0	65	15	66
8:10-8:15	24	1	1	13	3	1	34	0	1	78	11	74
8:15-8:20	31	1	2	16	0	0	14	1	1	66	11	66
8:20-8:25	32	0	1	18	0	0	34	0	0	85	7	81
8:25-8:30	30	0	0	18	0	0	27	0	0	75	13	81
8:30-8:35	33	0	2	14	0	1	20	0	0	70	12	69
8:35-8:40	31	2	3	15	0	0	27	0	1	79	14	81
8:40-8:45	35	0	2	21	0	0	23	1	1	83	13	82
8:45-8:50	63	2	0	14	0	1	30	0	1	111	12	110
8:50-8:55	36	1	0	10	0	0	20	1	1	69	15	72
8:55-9:00	36	2	3	11	0	0	20	1	2	75	12	72

Tabela A.10: Contagens de tráfego e procura da Barbour 1 Perna 2 (pm)

	Straight			Left			Right			*Total*	*Q*	Demand
Time	Cars	Bus	pick up or van	cars	Bus	pick up or van	Cars	Bus	Pick up or van			
5:00-5:05	50	1	0	13	0	0	32	0	0	96	20	116
5:05-5:10	43	0	2	29	0	0	25	0	0	99	15	94
5:10-5:15	33	1	0	23	0	0	30	0	0	87	13	85
5:15-5:20	60	0	2	28	0	0	25	0	0	115	16	118
5:20-5:25	43	0	1	33	0	0	20	0	0	97	21	102
5:25-5:30	50	0	1	29	0	0	25	0	0	105	15	99
5:30-5:35	45	2	0	10	0	0	17	1	0	75	20	80
5:35-5:40	38	0	1	11	0	0	21	2	0	73	17	70
5:40-5:45	52	0	0	19	0	0	27	0	0	98	17	98
5:45-5:50	37	0	1	7	0	0	25	0	0	70	13	66
5:50-5:55	38	0	0	17	0	0	14	0	0	69	15	71
5:55-6:00	41	0	0	13	0	0	12	1	0	67	14	66
6:00-6:05	44	1	0	21	0	1	16	0	0	83	16	85
6:05-6:10	38	0	0	20	0	0	24	1	0	83	17	84
6:10-6:15	67	0	3	18	0	0	27	1	1	117	14	114
6:15-6:20	37	0	1	19	0	1	18	0	0	76	15	77
6:20-6:25	34	0	2	17	0	1	17	0	0	71	11	67
6:25-6:30	54	0	0	20	0	0	26	0	0	100	15	104
6:30-6:35	31	0	0	20	0	0	24	0	0	75	9	69
6:35-6:40	43	2	0	16	0	2	18	0	1	82	17	90
6:40-6:45	41	0	1	11	0	0	25	0	2	80	16	79
6:45-6:50	52	0	1	16	0	0	23	0	1	93	14	91
6:50-6:55	32	0	1	10	0	0	14	0	0	57	13	56
6:55-7:00	25	0	1	15	0	0	12	0	0	53	8	48
7:00-7:05	33	0	0	14	0	0	15	0	0	62	10	64
7:05-7:10	35	0	0	10	0	2	24	0	0	71	12	73
7:10-7:15	29	0	0	14	0	0	14	0	0	57	13	58
7:15-7:20	33	0	0	11	0	0	12	0	0	56	10	53
7:20-7:25	23	0	0	15	0	0	12	0	0	50	11	51
7:25-7:30	38	0	3	15	0	0	15	1	2	74	16	79
7:30-7:35	29	0	2	7	0	0	15	0	0	53	14	51
7:35-7:40	26	0	2	9	0	0	12	0	0	49	9	44
7:40-7:45	22	1	0	9	0	0	16	0	3	51	10	52
7:45-7:50	34	0	1	24	0	0	27	0	0	86	11	87
7:50-7:55	25	0	0	15	0	0	16	0	0	56	10	55
7:55-8:00	13	0	0	19	0	0	16	0	0	48	11	49

Tabela A.11: Contagem de tráfego e procura da Barbour 1 Perna 3 (am)

	Straight			Total	Q	Demand
Time	Cars	Bus	pick up or van			
6:00-6:05	17	1	0	18	4	22
6:05-6:10	29	1	4	34	8	38
6:10-6:15	34	2	2	38	4	34
6:15-6:20	36	2	0	38	7	41
6:20-6:25	47	1	1	49	6	48
6:25-6:30	49	7	3	59	9	62
6:30-6:35	67	8	8	83	15	89
6:35-6:40	64	6	10	80	5	70
6:40-6:45	80	7	0	87	12	94
6:45-6:50	109	2	5	116	13	117
6:50-6:55	145	3	7	155	15	157
6:55-7:00	125	3	5	133	18	136
7:00-7:05	142	3	1	146	18	146
7:05-7:10	130	2	7	139	24	145
7:10-7:15	140	2	4	146	23	145
7:15-7:20	159	5	4	168	17	162
7:20-7:25	166	2	1	169	23	175
7:25-7:30	176	5	3	184	30	191
7:30-7:35	157	2	1	160	24	154
7:35-7:40	133	4	3	140	28	144
7:40-7:45	140	0	2	142	30	144
7:45-7:50	164	2	2	168	22	160
7:50-7:55	128	1	3	132	18	128
7:55-8:00	134	6	4	144	24	150
8:00-8:05	150	2	2	154	21	151
8:05-8:10	173	3	0	176	27	182
8:10-8:15	168	2	3	173	26	172
8:15-8:20	142	1	3	146	28	148
8:20-8:25	114	2	5	121	25	118
8:25-8:30	145	1	0	146	23	144
8:30-8:35	163	2	1	166	21	164
8:35-8:40	155	1	5	161	24	164
8:40-8:45	123	3	4	130	26	132
8:45-8:50	126	0	0	126	17	117
8:50-8:55	126	4	4	134	19	136
8:55-9:00	131	0	6	137	15	133

Tabela A.12: Contagens de tráfego e procura da Barbour 1 Perna 3 (pm)

	Straight			Total	Q	Demand
Time	Cars	Bus	pick up or van			
5:00-5:05	93	3	0	96	10	106
5:05-5:10	113	1	2	116	12	118
5:10-5:15	109	2	3	114	14	116
5:15-5:20	122	2	1	125	12	123
5:20-5:25	134	5	2	141	11	140
5:25-5:30	104	1	0	105	14	108
5:30-5:35	106	3	1	110	9	105
5:35-5:40	64	1	1	66	12	69
5:40-5:45	84	1	2	87	11	86
5:45-5:50	118	3	2	123	14	126
5:50-5:55	119	2	3	124	15	125
5:55-6:00	119	1	2	122	13	120
6:00-6:05	100	2	1	103	13	103
6:05-6:10	106	0	0	106	15	108
6:10-6:15	114	2	2	118	10	113
6:15-6:20	88	2	1	91	11	92
6:20-6:25	79	3	0	82	10	81
6:25-6:30	97	0	0	97	12	99
6:30-6:35	110	4	3	117	14	119
6:35-6:40	121	3	1	125	10	121
6:40-6:45	79	1	0	80	9	79
6:45-6:50	91	1	0	92	13	96
6:50-6:55	102	1	0	103	11	101
6:55-7:00	106	1	0	107	10	106
7:00-7:05	85	1	0	86	11	87
7:05-7:10	81	2	0	83	8	80
7:10-7:15	99	0	0	99	12	103
7:15-7:20	98	0	0	98	11	97
7:20-7:25	98	2	0	100	9	98
7:25-7:30	75	3	0	78	13	82
7:30-7:35	75	0	1	76	12	75
7:35-7:40	95	0	0	95	9	92
7:40-7:45	113	0	0	113	11	115
7:45-7:50	83	1	0	84	8	81
7:50-7:55	105	0	0	105	11	108
7:55-8:00	88	0	0	88	10	87

Tabela A.13: Contagens de tráfego e procura da Barbour 2 Leg 1 (am)

	Straight			Total	Q	Demand
Time	Cars	Bus	pick up or van			
6:00-6:05	6	0	0	6	2	8
6:05-6:10	8	0	1	9	0	7
6:10-6:15	10	1	0	11	2	13
6:15-6:20	7	0	0	7	2	7
6:20-6:25	16	0	1	17	3	18
6:25-6:30	27	1	0	28	7	32
6:30-6:35	34	5	1	40	2	35
6:35-6:40	41	3	3	47	8	53
6:40-6:45	41	2	1	44	11	47
6:45-6:50	53	1	3	57	12	58
6:50-6:55	68	2	5	75	6	69
6:55-7:00	64	4	4	72	7	73
7:00-7:05	69	4	3	76	10	79
7:05-7:10	99	1	2	102	30	122
7:10-7:15	96	7	8	111	25	106
7:15-7:20	124	5	3	132	30	137
7:20-7:25	95	3	1	99	32	101
7:25-7:30	91	5	3	99	20	87
7:30-7:35	108	5	1	114	17	111
7:35-7:40	141	0	2	143	21	147
7:40-7:45	109	3	1	113	13	105
7:45-7:50	109	1	5	115	7	109
7:50-7:55	124	1	5	130	15	138
7:55-8:00	127	1	3	131	6	122
8:00-8:05	101	1	5	107	8	109
8:05-8:10	82	0	4	86	5	83
8:10-8:15	103	1	4	108	19	122
8:15-8:20	86	2	1	89	18	88
8:20-8:25	123	2	2	127	19	128
8:25-8:30	92	0	4	96	22	99
8:30-8:35	91	2	0	93	29	100
8:35-8:40	102	2	0	104	25	100
8:40-8:45	102	1	6	109	26	110
8:45-8:50	80	1	4	85	30	89
8:50-8:55	77	1	1	79	30	79
8:55-9:00	84	2	3	89	25	84

Tabela A.14: Contagens de tráfego e procura da Barbour 2 Leg 1 (pm)

	Straight			Total	Q	Demand
Time	Cars	Bus	pick up or van			
5:00-5:05	88	0	1	89	28	117
5:05-5:10	96	1	1	98	30	100
5:10-5:15	68	1	2	71	30	71
5:15-5:20	106	1	2	109	30	109
5:20-5:25	153	1	2	156	30	156
5:25-5:30	117	2	5	124	30	124
5:30-5:35	82	3	1	86	30	86
5:35-5:40	96	2	2	100	30	100
5:40-5:45	99	1	1	101	25	96
5:45-5:50	60	0	0	60	28	63
5:50-5:55	139	1	2	142	30	144
5:55-6:00	83	1	3	87	27	84
6:00-6:05	121	2	3	126	30	129
6:05-6:10	139	1	5	145	30	145
6:10-6:15	87	1	0	88	28	86
6:15-6:20	88	0	2	90	19	81
6:20-6:25	107	0	2	109	24	114
6:25-6:30	123	2	1	126	30	132
6:30-6:35	120	2	1	123	30	123
6:35-6:40	89	0	1	90	30	90
6:40-6:45	102	1	2	105	27	102
6:45-6:50	109	1	2	112	30	115
6:50-6:55	81	1	0	82	30	82
6:55-7:00	139	0	1	140	30	140
7:00-7:05	104	1	0	105	26	101
7:05-7:10	107	3	3	113	30	117
7:10-7:15	128	1	0	129	10	109
7:15-7:20	90	2	2	94	7	91
7:20-7:25	88	2	2	92	12	97
7:25-7:30	98	2	1	101	14	103
7:30-7:35	115	1	4	120	9	115
7:35-7:40	81	0	2	83	7	81
7:40-7:45	83	0	1	84	12	89
7:45-7:50	81	1	0	82	10	80
7:50-7:55	92	1	0	93	5	88
7:55-8:00	40	1	0	41	9	45

Tabela A.15: Contagens de tráfego e procura do troço 2 do Barbour 2 (am)

	Straight			Left			Right			Total	Q	Demand
Time	Cars	Bus	pick up or van	cars	Bus	pick up or van	Cars	Bus	Pick up or van			
6:00-6:05	13	1	0	5	0	1	1	0	0	21	8	29
6:05-6:10	14	1	5	8	0	2	3	0	0	33	8	33
6:10-6:15	20	2	3	4	0	1	0	1	0	31	4	27
6:15-6:20	22	2	0	11	2	0	0	0	2	39	8	43
6:20-6:25	23	1	2	7	3	0	2	1	1	40	7	39
6:25-6:30	25	7	0	9	1	1	3	0	0	46	10	49
6:30-6:35	32	3	0	10	0	1	3	2	0	51	15	56
6:35-6:40	18	1	0	7	0	0	2	1	1	30	11	26
6:40-6:45	29	0	1	12	1	2	2	0	0	47	16	52
6:45-6:50	42	3	0	17	1	0	3	1	1	68	9	61
6:50-6:55	41	3	1	10	0	1	9	0	0	65	20	76
6:55-7:00	41	2	0	19	0	2	5	0	2	71	24	75
7:00-7:05	55	2	1	10	0	0	3	0	1	72	23	71
7:05-7:10	55	3	2	27	1	2	4	1	2	97	24	98
7:10-7:15	84	2	1	26	0	1	5	0	0	119	26	121
7:15-7:20	61	4	0	30	0	3	5	1	1	105	27	106
7:20-7:25	79	3	3	33	2	2	4	0	1	127	27	127
7:25-7:30	84	5	2	31	1	5	6	1	2	137	27	137
7:30-7:35	91	6	1	34	3	1	8	0	1	145	27	145
7:35-7:40	79	2	3	34	0	2	10	1	0	131	27	131
7:40-7:45	75	3	1	29	2	4	8	1	1	124	24	121
7:45-7:50	77	4	2	30	1	1	6	0	1	122	27	125
7:50-7:55	82	4	4	32	0	2	7	1	0	132	25	130
7:55-8:00	73	2	3	28	3	0	5	0	2	116	27	118
8:00-8:05	89	3	3	29	1	0	7	0	0	132	27	132
8:05-8:10	74	2	2	22	2	1	4	1	1	109	27	109
8:10-8:15	79	1	1	18	1	2	6	1	2	111	24	108
8:15-8:20	57	2	3	16	3	3	3	0	1	88	25	89
8:20-8:25	71	4	4	14	4	1	5	0	2	105	27	107
8:25-8:30	56	1	1	22	2	2	3	1	1	89	27	89
8:30-8:35	64	0	3	14	1	3	4	0	2	91	23	87
8:35-8:40	61	2	0	14	2	1	6	1	0	87	24	88
8:40-8:45	68	1	2	22	2	0	5	0	1	101	25	102
8:45-8:50	59	2	1	18	3	0	7	0	2	92	21	88
8:50-8:55	72	4	3	13	2	1	4	2	1	102	23	104
8:55-9:00	58	1	2	17	1	0	6	1	0	86	27	90

Tabela A.16: Contagens de tráfego e procura do troço 2 do Barbour 2 (pm)

	Straight			Left			Right			Total	Q	Demand
Time	Cars	Bus	pick up or van	cars	Bus	pick up or van	Cars	Bus	Pick up or van			
5:00-5:05	30	1	0	13	0	1	13	0	0	58	22	80
5:00-5:10	38	1	5	11	0	2	3	0	0	60	27	65
5:10-5:15	71	2	3	23	0	1	10	1	0	111	24	108
5:15-5:20	39	2	0	12	2	0	13	0	2	70	27	73
5:20-5:25	45	1	2	13	3	0	8	1	1	74	27	74
5:25-5:30	49	7	0	16	1	1	12	0	0	86	25	84
5:30-5:35	52	3	0	14	0	1	14	2	0	86	27	88
5:35-5:40	43	1	0	17	0	0	9	1	1	72	27	72
5:40-5:45	48	0	1	20	1	2	13	0	0	85	22	80
5:45-5:50	56	3	0	11	1	0	11	1	1	84	27	89
5:50-5:55	53	3	1	9	0	1	13	0	0	80	27	80
5:55-6:00	54	2	0	20	0	2	14	0	2	94	23	90
6:00-6:05	50	2	1	18	0	0	14	0	1	86	27	90
6:05-6:10	51	3	2	15	1	2	11	1	2	88	24	85
6:10-6:15	53	2	1	11	0	1	14	0	0	82	21	79
6:15-6:20	35	4	0	16	0	3	15	1	1	75	25	79
6:20-6:25	29	3	3	14	2	2	16	0	1	70	16	61
6:25-6:30	42	5	2	13	1	5	9	1	2	80	21	85
6:30-6:35	48	6	1	12	3	1	13	0	1	85	22	86
6:35-6:40	39	2	3	3	0	2	13	1	0	63	18	59
6:40-6:45	38	3	1	9	2	4	8	1	1	67	22	71
6:45-6:50	31	4	2	25	1	1	7	0	1	72	17	67
6:50-6:55	37	4	4	15	0	2	7	1	0	70	20	73
6:55-7:00	40	2	3	17	3	0	10	0	2	77	18	75
7:00-7:05	36	3	3	16	1	0	7	0	0	66	18	66
7:05-7:10	51	2	2	21	2	1	6	1	1	87	19	88
7:10-7:15	45	1	1	23	1	2	11	1	2	87	18	86
7:15-7:20	48	2	3	14	3	3	8	0	1	82	23	87
7:20-7:25	39	4	4	14	4	1	8	0	2	76	21	74
7:25-7:30	28	1	1	7	2	2	7	1	1	50	14	43
7:30-7:35	44	0	3	22	1	3	8	0	2	83	17	86
7:35-7:40	39	2	0	16	2	1	8	1	0	69	16	68
7:40-7:45	27	1	2	15	2	0	7	0	1	55	18	57
7:45-7:50	42	2	1	17	3	0	8	0	2	75	20	77
7:50-7:55	37	4	3	18	2	1	8	2	1	76	22	78
7:55-8:00	41	1	2	14	1	0	10	1	0	70	21	69

Tabela A.17: Contagens de tráfego e procura da Barbour 2 Perna 3 (am)

	Straight			right			Total	Q	Demand
Time	Cars	Bus	pick up or van	cars	Bus	pick up or van			
6:00-6:05	17	0	0	10	1	0	28	3	31
6:05-6:10	26	0	0	5	0	3	34	2	33
6:10-6:15	50	0	0	9	0	3	62	1	61
6:15-6:20	29	0	0	12	1	2	44	4	47
6:20-6:25	28	0	0	14	0	2	44	5	45
6:25-6:30	44	1	1	12	1	0	59	4	58
6:30-6:35	52	8	5	28	3	5	101	5	102
6:35-6:40	70	4	6	23	5	4	112	10	117
6:40-6:45	87	5	4	29	2	4	131	15	136
6:45-6:50	133	6	10	38	9	6	202	18	205
6:50-6:55	167	3	7	36	5	5	223	18	223
6:55-7:00	81	1	2	12	2	1	99	3	84
7:00-7:05	110	2	3	29	2	0	146	30	173
7:05-7:10	116	2	3	27	0	1	149	30	149
7:10-7:15	138	3	3	38	0	1	183	30	183
7:15-7:20	151	2	6	26	0	0	185	30	185
7:20-7:25	138	6	1	30	1	0	176	30	176
7:25-7:30	133	2	6	32	4	3	180	30	180
7:30-7:35	138	2	3	28	0	0	171	30	171
7:35-7:40	138	3	5	27	1	1	175	30	175
7:40-7:45	115	4	4	36	0	0	159	30	159
7:45-7:50	185	2	5	47	0	1	240	30	240
7:50-7:55	141	3	3	22	0	1	170	30	170
7:55-8:00	147	3	10	33	1	1	195	30	195
8:00-8:05	116	1	3	20	0	1	141	30	141
8:05-8:10	151	1	3	27	0	3	185	30	185
8:10-8:15	115	2	4	25	0	0	146	30	146
8:15-8:20	118	1	2	29	0	1	151	30	151
8:20-8:25	113	2	5	21	0	0	141	30	141
8:25-8:30	123	2	2	19	1	0	147	30	147
8:30-8:35	99	2	1	17	1	1	121	26	117
8:35-8:40	100	2	4	30	0	0	136	30	140
8:40-8:45	98	1	4	23	0	4	130	30	130
8:45-8:50	92	1	4	23	0	2	122	30	122
8:50-8:55	171	3	8	32	0	4	218	20	208
8:55-9:00	105	0	2	33	0	0	140	20	140

Tabela A.18: Contagens de tráfego e procura da Barbour 2 Perna 3 (pm)

	Straight			Right			Total	Q	Demand
Time	Cars	Bus	pick up or van	cars	Bus	pick up or van			
5:00-5:05	77	1	1	23	0	0	102	36	138
5:05-5:10	83	0	0	31	1	0	115	50	129
5:10-5:15	85	1	2	29	0	0	117	60	127
5:15-5:20	81	0	2	33	0	0	116	65	121
5:20-5:25	97	1	1	19	0	0	118	75	128
5:25-5:30	78	0	1	20	0	6	105	80	110
5:30-5:35	76	0	1	26	0	2	105	80	105
5:35-5:40	65	0	0	19	0	1	85	70	75
5:40-5:45	63	4	1	32	0	2	102	80	112
5:45-5:50	63	1	1	39	0	0	104	65	89
5:50-5:55	93	2	1	35	0	0	131	60	126
5:55-6:00	77	1	2	23	0	0	103	70	113
6:00-6:05	92	1	1	26	1	0	121	60	111
6:05-6:10	80	1	2	25	1	0	109	50	99
6:10-6:15	67	3	0	21	0	0	91	50	91
6:15-6:20	67	1	0	25	1	0	94	40	84
6:20-6:25	72	0	0	33	1	0	106	50	116
6:25-6:30	67	2	0	15	0	0	84	45	79
6:30-6:35	72	1	0	24	0	1	98	55	108
6:35-6:40	73	0	0	28	1	0	102	30	77
6:40-6:45	75	0	0	26	0	0	101	35	106
6:45-6:50	67	0	1	23	0	0	91	40	96
6:50-6:55	71	0	0	33	0	0	104	50	114
6:55-7:00	73	2	0	16	2	0	93	50	93
7:00-7:05	70	0	0	24	1	1	96	35	81
7:05-7:10	61	1	0	26	0	0	88	30	83
7:10-7:15	73	1	2	23	0	0	99	30	99
7:15-7:20	77	1	0	17	1	1	97	40	107
7:20-7:25	85	1	0	32	0	0	118	30	108
7:25-7:30	73	1	1	24	0	0	99	40	109
7:30-7:35	58	0	1	21	1	1	82	40	82
7:35-7:40	76	2	1	28	0	0	107	25	92
7:40-7:45	138	1	1	44	0	0	184	20	179
7:45-7:50	127	0	1	62	1	1	192	40	212
7:50-7:55	87	0	0	31	0	0	118	30	108
7:55-8:00	55	0	0	29	0	0	84	18	72

Tabela A.19: Contagens de tráfego e procura do troço 1 do Cola (am)

	Straight			right			Total	Q	Demand
Time	Cars	Bus	pick up or van	cars	Bus	pick up or van			
6:00-6:05	12	0	0	1	0	0	13	0	13
6:00-6:10	18	1	3	2	0	0	24	2	26
6:10-6:15	14	1	1	1	0	0	17	5	20
6:15-6:20	12	1	5	3	1	0	22	3	20
6:20-6:25	18	0	1	1	1	0	21	1	19
6:25-6:30	16	4	1	0	0	0	21	7	27
6:30-6:35	35	6	5	1	1	0	48	5	46
6:35-6:40	33	4	2	2	0	0	41	2	38
6:40-6:45	40	4	3	3	0	0	50	4	52
6:45-6:50	48	2	4	0	0	0	54	11	61
6:50-6:55	71	2	2	1	0	1	77	7	73
6:55-7:00	54	2	2	2	2	0	62	13	68
7:00-7:05	70	3	4	2	0	1	80	7	74
7:05-7:10	79	3	5	2	0	0	89	18	100
7:10-7:15	91	4	2	2	0	0	99	27	108
7:15-7:20	104	5	1	4	0	0	114	25	112
7:20-7:25	110	5	3	2	0	0	120	23	118
7:25-7:30	106	7	4	5	0	0	122	25	124
7:30-7:35	130	3	3	0	0	0	136	24	135
7:35-7:40	98	4	1	8	0	1	112	20	108
7:40-7:45	138	1	0	5	0	0	144	29	153
7:45-7:50	96	3	7	6	0	0	112	30	113
7:50-7:55	105	2	2	6	0	0	115	30	115
7:55-8:00	68	0	1	1	0	0	70	28	68
8:00-8:05	102	2	2	4	0	0	110	30	112
8:05-8:10	124	4	3	4	0	0	135	31	136
8:10-8:15	103	0	3	4	0	0	110	35	114
8:15-8:20	98	1	3	2	0	0	104	17	86
8:20-8:25	96	1	2	10	0	0	109	19	111
8:25-8:30	100	1	4	2	0	0	107	13	101
8:30-8:35	111	2	3	3	0	1	120	24	131
8:35-8:40	85	0	3	4	0	1	93	25	94
8:40-8:45	103	1	2	3	0	0	109	27	111
8:45-8:50	95	2	2	4	0	0	103	20	96
8:50-8:55	113	0	2	5	0	0	120	21	121
8:55-9:00	87	2	5	2	0	0	96	24	99

Tabela A.20: Contagens de tráfego e procura da Perna de Cola 1 (pm)

	Straight			Right			Total	Q	Demand
Time	Cars	Bus	pick up or van	cars	Bus	pick up or van			
5:00-5:05	127	1	5	1	0	0	134	30	164
5:00-5:10	63	2	1	2	0	0	68	30	68
5:10-5:15	58	3	3	3	0	0	67	30	67
5:15-5:20	82	2	2	2	0	0	88	28	86
5:20-5:25	77	2	5	5	0	0	89	30	91
5:25-5:30	96	0	3	3	0	0	102	33	105
5:30-5:35	82	2	3	3	0	1	91	28	86
5:35-5:40	68	2	1	5	0	0	76	30	78
5:40-5:45	91	2	2	1	0	0	96	32	98
5:45-5:50	84	4	1	5	0	0	94	30	92
5:50-5:55	98	0	0	2	0	0	100	33	103
5:55-6:00	48	4	0	3	0	0	55	30	52
6:00-6:05	56	3	0	2	0	0	61	35	66
6:05-6:10	76	0	0	5	0	0	81	35	81
6:10-6:15	101	3	0	1	1	0	106	34	105
6:15-6:20	79	2	2	2	0	0	85	31	82
6:20-6:25	101	1	0	7	0	0	109	32	110
6:25-6:30	98	2	1	7	0	0	108	30	106
6:30-6:35	137	1	1	1	0	0	140	36	146
6:35-6:40	114	2	1	3	0	0	120	33	117
6:40-6:45	97	1	2	3	0	0	103	25	95
6:45-6:50	110	3	0	6	0	0	119	8	102
6:50-6:55	91	2	0	5	0	0	98	14	104
6:55-7:00	112	2	1	5	0	1	121	7	114
7:00-7:05	91	3	1	3	0	0	98	10	101
7:05-7:10	87	0	0	5	0	0	92	13	95
7:10-7:15	95	2	2	4	0	0	103	10	100
7:15-7:20	111	2	0	8	0	0	121	2	113
7:20-7:25	89	1	0	2	0	0	92	13	103
7:25-7:30	100	5	0	4	0	0	109	15	111
7:30-7:35	106	3	3	6	0	0	118	7	110
7:35-7:40	108	3	3	2	0	0	116	13	122
7:40-7:45	85	0	2	2	0	0	89	5	81
7:45-7:50	74	0	1	2	0	0	77	4	76
7:50-7:55	106	2	2	5	0	0	115	7	118
7:55-8:00	56	2	1	0	0	0	59	2	54

Tabela A.21: Contagens de tráfego e procura da Perna de Cola 2 (am)

	Straight			Left			U turn			*Total*	*Q*	*Demand*
Time	Cars	Bus	ck up or va	cars	Bus	ck up or va	Cars	Bus	Pick up or van			
6:00-6:05	1	0	0	4	0	0	4	0	0	9	2	11
6:05-6:10	6	0	0	3	0	0	1	0	0	10	5	13
6:10-6:15	2	0	0	2	0	0	3	0	0	7	3	5
6:15-6:20	1	0	0	5	0	0	2	0	0	8	6	11
6:20-6:25	1	0	1	17	1	2	3	0	0	25	7	26
6:25-6:30	2	0	0	9	0	1	5	0	1	18	3	14
6:30-6:35	3	0	2	2	2	1	5	1	2	18	14	29
6:35-6:40	6	1	3	5	0	3	5	0	2	25	5	16
6:40-6:45	5	0	1	7	2	3	4	0	1	23	4	22
6:45-6:50	8	0	1	12	0	1	3	0	0	25	5	26
6:50-6:55	3	0	2	18	1	0	2	0	0	26	9	30
6:55-7:00	5	0	0	14	0	1	4	1	0	25	9	25
7:00-7:05	9	0	1	17	0	2	11	0	0	40	13	44
7:05-7:10	3	0	0	6	0	0	7	1	1	18	11	16
7:10-7:15	13	1	2	19	0	0	8	0	1	44	10	43
7:15-7:20	15	0	0	23	1	0	27	2	3	71	10	71
7:20-7:25	13	0	1	30	0	2	15	0	1	62	9	61
7:25-7:30	9	0	1	23	0	2	14	0	0	49	10	50
7:30-7:35	7	0	0	12	0	0	16	0	2	37	10	37
7:35-7:40	6	0	0	20	1	2	12	0	1	42	16	48
7:40-7:45	9	0	1	15	0	1	16	0	0	42	11	37
7:45-7:50	7	0	1	18	0	0	21	0	0	47	10	46
7:50-7:55	5	1	0	20	0	0	7	0	0	33	8	31
7:55-8:00	8	1	0	16	0	0	21	0	1	47	11	50
8:00-8:05	10	0	1	21	0	0	15	0	1	48	15	52
8:05-8:10	6	0	1	10	0	0	6	1	1	25	9	19
8:10-8:15	8	0	1	16	0	0	10	0	1	36	16	43
8:15-8:20	8	0	0	21	0	1	4	0	1	35	16	35
8:20-8:25	11	0	1	26	1	0	18	2	2	61	17	62
8:25-8:30	3	0	0	21	0	0	10	0	0	34	10	27
8:30-8:35	11	0	0	8	0	1	8	0	2	30	6	26
8:35-8:40	5	0	0	11	0	1	9	1	1	28	9	31
8:40-8:45	11	0	2	13	0	0	11	0	1	38	11	40
8:45-8:50	14	0	1	10	0	0	9	0	0	34	16	39
8:50-8:55	12	0	0	26	0	1	14	1	0	54	7	45
8:55-9:00	10	0	0	10	0	0	11	0	0	31	5	29

Tabela A.22: Contagens de tráfego e procura da Perna de Cola 2 (pm)

Time	Straight			Left			Right			*Total*	*Q*	Demand
	Cars	Bus	pick up or van	cars	Bus	pick up or van	Cars	Bus	Pick up or van			
5:00-5:05	2	0	0	1	0	0	2	0	0	5	1	6
5:05-5:10	3	0	0	12	0	1	11	0	0	27	6	32
5:10-5:15	8	0	0	10	0	1	5	0	0	24	6	24
5:15-5:20	10	0	0	16	0	0	12	0	0	38	9	41
5:20-5:25	12	0	0	12	0	1	15	0	0	40	12	43
5:25-5:30	12	0	0	17	0	0	9	0	0	38	11	37
5:30-5:35	9	0	1	16	0	0	9	0	0	35	15	39
5:35-5:40	12	1	0	22	0	0	8	0	0	43	12	40
5:40-5:45	17	0	0	18	0	1	14	0	1	51	5	44
5:45-5:50	11	2	0	9	0	0	9	0	0	31	12	38
5:50-5:55	5	1	0	23	0	0	4	0	0	33	12	33
5:55-6:00	6	0	0	14	0	0	7	0	1	28	16	32
6:00-6:05	15	2	0	27	0	0	7	0	1	52	10	46
6:05-6:10	9	1	0	13	1	0	11	0	0	35	6	31
6:10-6:15	4	1	0	13	0	0	6	0	0	24	10	28
6:15-6:20	6	0	0	17	0	1	14	0	0	38	10	38
6:20-6:25	12	1	0	16	0	0	11	0	0	40	11	41
6:25-6:30	9	0	0	24	0	1	11	0	0	45	5	39
6:30-6:35	9	0	0	15	0	0	8	0	0	32	5	32
6:35-6:40	8	0	0	17	0	1	15	0	0	41	15	51
6:40-6:45	7	0	0	19	0	0	8	0	0	34	9	28
6:45-6:50	6	0	1	12	0	0	11	0	0	30	11	32
6:50-6:55	13	0	2	19	0	0	16	0	0	50	10	49
6:55-7:00	8	1	0	14	0	0	15	0	1	39	9	38
7:00-7:05	4	0	0	12	0	0	12	0	0	28	15	34
7:05-7:10	5	0	0	19	1	0	12	0	0	37	15	37
7:10-7:15	17	0	0	18	0	0	9	0	0	44	18	47
7:15-7:20	15	0	1	20	1	0	12	0	0	49	12	43
7:20-7:25	11	0	0	12	0	1	11	0	1	36	15	39
7:25-7:30	8	0	0	10	0	0	8	0	0	26	8	19
7:30-7:35	8	0	1	15	1	1	8	0	0	34	6	32
7:35-7:40	11	0	0	24	0	0	11	0	0	46	8	48
7:40-7:45	8	0	1	12	0	1	19	0	0	41	7	40
7:45-7:50	8	0	0	10	0	0	9	0	0	27	8	28
7:50-7:55	7	0	0	10	0	0	9	0	0	26	5	23
7:55-8:00	10	0	1	8	0	1	9	0	0	29	6	30

Tabela A.23: Contagens de tráfego e procura da Perna 3 de Cola (am)

	Straight			Left			U turn			Total	Q	Demand
Time	Cars	Bus	pick up or van	cars	Bus	pick up or van	Cars	Bus	Pick up or van			
6:00-6:05	11	4	0	9	1	6	0	0	0	31	5	36
6:05-6:10	22	2	1	11	1	2	0	0	0	39	10	44
6:10-6:15	31	3	6	16	3	20	2	0	0	81	7	78
6:15-6:20	35	3	5	24	3	15	0	0	2	87	16	96
6:20-6:25	29	2	2	15	2	5	1	0	1	57	8	49
6:25-6:30	59	5	5	20	0	11	5	0	0	105	20	117
6:30-6:35	46	8	6	42	2	11	1	3	0	119	24	123
6:35-6:40	86	9	5	21	4	18	5	0	4	152	25	153
6:40-6:45	75	10	2	24	0	7	4	0	1	123	21	119
6:45-6:50	139	7	6	47	1	6	3	0	1	210	35	224
6:50-6:55	132	6	7	56	1	11	9	0	0	222	40	227
6:55-7:00	141	7	8	33	2	9	10	0	2	212	36	208
7:00-7:05	144	6	8	42	2	6	10	2	1	221	40	225
7:05-7:10	142	6	2	55	1	8	12	3	2	231	40	231
7:10-7:15	150	2	2	51	6	8	8	1	0	228	40	228
7:15-7:20	148	2	2	60	1	5	13	1	1	233	40	233
7:20-7:25	175	8	3	59	1	4	9	2	1	262	40	262
7:25-7:30	203	3	5	47	2	6	11	1	2	280	40	280
7:30-7:35	197	2	4	78	3	8	13	1	3	309	40	309
7:35-7:40	166	5	7	64	4	9	10	1	4	270	40	270
7:40-7:45	187	3	3	63	4	5	9	1	1	276	40	276
7:45-7:50	175	3	6	40	4	5	10	2	1	246	40	246
7:50-7:55	134	5	5	40	1	8	7	1	1	202	40	202
7:55-8:00	227	2	5	58	1	13	9	2	2	319	40	319
8:00-8:05	148	3	4	33	2	9	9	1	2	211	40	211
8:05-8:10	157	2	3	59	1	9	11	2	1	245	40	245
8:10-8:15	147	5	2	58	3	11	12	1	2	241	40	241
8:15-8:20	179	3	4	74	1	9	15	1	4	290	40	290
8:20-8:25	130	1	5	51	1	13	10	1	2	214	40	214
8:25-8:30	142	0	4	38	0	11	13	3	1	212	40	212
8:30-8:35	159	1	2	60	2	17	14	0	2	257	40	257
8:35-8:40	164	3	2	62	1	15	15	0	4	266	40	266
8:40-8:45	150	3	6	68	2	13	16	1	1	260	40	260
8:45-8:50	123	2	5	45	2	8	16	0	2	203	40	203
8:50-8:55	139	2	5	66	2	12	17	0	2	245	40	245
8:55-9:00	170	5	1	73	2	12	18	1	0	282	40	282

Tabela A.24: Contagens de tráfego e procura da Perna 3 de Cola (pm)

	Straight			Left			U turn			Total	Q	Demand
Time	Cars	Bus	pick up or van	cars	Bus	pick up or van	Cars	Bus	Pick up or van			
5:00-5:05	105	3	3	83	0	10	11	1	1	217	40	257
5:00-5:10	88	2	1	63	0	4	10	0	1	169	40	169
5:10-5:15	82	1	3	52	2	5	11	0	0	156	40	156
5:15-5:20	111	3	2	61	0	4	11	0	0	192	40	192
5:20-5:25	93	2	2	66	1	6	12	0	0	182	40	182
5:25-5:30	105	3	0	50	1	6	10	0	0	175	40	175
5:30-5:35	124	1	1	82	2	5	12	0	0	227	40	227
5:35-5:40	95	0	1	55	2	2	13	0	0	168	40	168
5:40-5:45	106	1	1	55	0	1	12	0	0	176	40	176
5:45-5:50	76	4	0	68	1	3	11	0	0	163	40	163
5:50-5:55	115	6	2	67	1	7	11	0	0	209	40	209
5:55-6:00	93	2	1	63	1	4	13	0	0	177	40	177
6:00-6:05	106	0	1	61	3	3	10	0	1	185	40	185
6:05-6:10	115	1	0	66	0	6	11	0	0	199	40	199
6:10-6:15	104	1	1	82	1	7	13	0	0	209	40	209
6:15-6:20	101	1	1	79	0	6	14	0	1	203	40	203
6:20-6:25	107	1	3	48	2	7	14	0	0	182	40	182
6:25-6:30	104	2	0	57	0	2	15	0	1	181	40	181
6:30-6:35	90	2	0	46	1	3	14	1	0	157	40	157
6:35-6:40	125	1	0	48	0	8	12	0	1	195	40	195
6:40-6:45	99	2	0	62	1	6	13	0	0	183	40	183
6:45-6:50	100	1	2	55	1	4	16	0	0	179	40	179
6:50-6:55	99	2	1	58	1	3	14	1	1	180	40	180
6:55-7:00	98	0	0	48	0	2	12	0	0	160	40	160
7:00-7:05	113	1	2	63	0	2	12	0	0	193	40	193
7:05-7:10	95	0	0	56	0	0	16	0	2	169	40	169
7:10-7:15	116	1	3	4	0	4	11	0	0	139	40	139
7:15-7:20	95	1	0	38	2	2	12	0	0	150	40	150
7:20-7:25	123	0	0	66	0	4	12	0	1	206	40	206
7:25-7:30	120	4	1	63	1	3	14	0	1	207	40	207
7:30-7:35	89	2	1	64	1	1	17	0	2	177	40	177
7:35-7:40	90	0	3	67	0	0	13	0	3	176	40	176
7:40-7:45	79	1	1	66	1	2	12	0	1	163	40	163
7:45-7:50	97	1	2	65	2	1	16	0	1	185	40	185
7:50-7:55	86	3	3	60	0	0	14	0	1	167	40	167
7:55-8:00	94	2	1	68	1	1	15	0	0	182	40	182

Tabela A.25: Contagem de tráfego e procura (am) da perna 4 do Cola

	Straight			Total	Q	demand
Time	Cars	Bus	pick up or van			
6:00-6:05	19	1	5	25	0	25
6:05-6:10	26	0	11	37	0	37
6:10-6:15	21	1	5	27	0	27
6:15-6:20	38	2	7	47	1	48
6:20-6:25	23	1	11	35	3	37
6:25-6:30	40	3	12	55	2	54
6:30-6:35	45	3	9	57	5	60
6:35-6:40	39	2	12	53	11	59
6:40-6:45	45	0	14	59	8	56
6:45-6:50	60	1	7	68	7	67
6:50-6:55	65	1	10	76	16	85
6:55-7:00	57	1	10	68	12	64
7:00-7:05	72	1	9	82	16	86
7:05-7:10	56	1	9	66	17	67
7:10-7:15	54	2	4	60	12	55
7:15-7:20	60	1	7	68	17	73
7:20-7:25	43	5	6	54	20	57
7:25-7:30	61	6	6	73	21	74
7:30-7:35	40	1	4	45	27	51
7:35-7:40	43	0	3	46	26	45
7:40-7:45	55	0	5	60	30	64
7:45-7:50	58	1	7	66	26	62
7:50-7:55	62	1	8	71	27	72
7:55-8:00	53	0	12	65	25	63
8:00-8:05	57	1	7	65	35	75
8:05-8:10	55	0	11	66	28	59
8:10-8:15	55	0	5	60	30	62
8:15-8:20	58	3	7	68	32	70
8:20-8:25	71	1	9	81	30	79
8:25-8:30	55	0	9	64	36	70
8:30-8:35	53	1	8	62	40	66
8:35-8:40	63	2	8	73	35	68
8:40-8:45	55	1	7	63	25	53
8:45-8:50	60	0	7	67	23	65
8:50-8:55	54	1	7	62	27	66
8:55-9:00	39	0	6	45	26	44

Tabela A.26: Contagem de tráfego e procura (pm) da Perna 4 de Cola

	Straight			Total	Q	Demand
Time	Cars	Bus	pick up or van			
5:00-5:05	27	0	3	30	31	61
5:05-5:10	49	0	4	53	36	58
5:10-5:15	50	1	2	53	40	57
5:15-5:20	49	0	3	52	30	42
5:20-5:25	46	0	4	50	35	55
5:25-5:30	48	0	8	56	38	59
5:30-5:35	39	1	6	46	40	48
5:35-5:40	64	0	4	68	45	73
5:40-5:45	56	1	6	63	45	63
5:45-5:50	42	1	4	47	36	38
5:50-5:55	53	1	4	58	42	64
5:55-6:00	75	4	5	84	45	87
6:00-6:05	43	2	2	47	42	44
6:05-6:10	36	4	2	42	40	40
6:10-6:15	42	1	1	44	38	42
6:15-6:20	45	0	5	50	35	47
6:20-6:25	44	0	6	50	25	40
6:25-6:30	34	1	3	38	27	40
6:30-6:35	37	1	4	42	20	35
6:35-6:40	24	0	7	31	8	19
6:40-6:45	39	1	4	44	16	52
6:45-6:50	43	1	7	51	11	46
6:50-6:55	35	2	1	38	9	36
6:55-7:00	29	1	4	34	6	31
7:00-7:05	24	1	2	27	9	30
7:05-7:10	34	1	2	37	7	35
7:10-7:15	37	0	2	39	6	38
7:15-7:20	29	2	2	33	11	38
7:20-7:25	35	1	4	40	2	31
7:25-7:30	39	3	1	43	7	48
7:30-7:35	34	1	2	37	13	43
7:35-7:40	29	0	4	33	9	29
7:40-7:45	38	0	4	42	3	36
7:45-7:50	27	1	5	33	8	38
7:50-7:55	27	0	2	29	2	23
7:55-8:00	17	0	0	17	3	18

Tabela A.27: Contagens de tráfego e procura do troço 2 da Barbir (am)

	Straight			right			Total	Q	Demand
Time	Cars	Bus	pick up or van	cars	Bus	pick up or van			
6:00-6:05	13	0	2	7	0	1	23	12	35
6:05-6:10	16	1	2	15	0	1	35	14	37
6:10-6:15	13	1	2	17	1	2	36	7	29
6:15-6:20	23	0	1	20	0	3	47	11	51
6:20-6:25	18	4	1	22	1	1	47	9	45
6:25-6:30	19	0	1	18	4	3	45	10	46
6:30-6:35	18	3	2	30	2	4	59	8	57
6:35-6:40	21	2	1	29	1	2	56	12	60
6:40-6:45	39	2	0	26	6	4	77	9	74
6:45-6:50	40	1	3	43	2	6	95	16	102
6:50-6:55	53	0	4	38	2	4	101	20	105
6:55-7:00	72	2	7	43	3	0	127	24	131
7:00-7:05	44	5	0	40	1	4	94	27	97
7:05-7:10	56	5	3	55	3	1	123	28	124
7:10-7:15	77	5	2	59	2	1	146	30	148
7:15-7:20	87	5	2	50	3	0	147	30	147
7:20-7:25	96	3	4	51	0	3	157	30	157
7:25-7:30	84	6	1	43	1	3	138	30	138
7:30-7:35	74	3	3	66	0	3	149	30	149
7:35-7:40	108	1	6	65	2	1	183	33	186
7:40-7:45	90	2	4	65	1	6	168	36	171
7:45-7:50	84	0	3	62	1	2	152	30	146
7:50-7:55	64	1	3	46	2	3	119	33	122
7:55-8:00	86	1	5	54	4	3	153	30	150
8:00-8:05	89	2	4	59	3	3	160	33	163
8:05-8:10	100	1	3	46	5	3	158	33	158
8:10-8:15	80	0	1	40	2	0	123	36	126
8:15-8:20	65	2	2	40	1	0	110	27	101
8:20-8:25	91	2	7	63	2	1	166	20	159
8:25-8:30	71	1	4	50	8	2	136	20	136
8:30-8:35	80	2	1	57	5	2	147	18	145
8:35-8:40	65	0	0	53	2	1	121	20	123
8:40-8:45	88	1	3	50	1	2	145	24	149
8:45-8:50	75	2	3	51	1	5	137	15	128
8:50-8:55	85	3	1	60	1	2	152	20	157
8:55-9:00	68	0	4	38	0	0	110	14	104

Tabela A.28: Contagens de tráfego e procura do troço 2 da Barbir (pm)

	Straight			Right			Total	Q	Demand
Time	Cars	Bus	pick up or van	cars	Bus	pick up or van			
5:00-5:05	135	2	6	6	0	0	149	0	149
5:05-5:10	110	1	10	5	0	0	126	0	126
5:10-5:15	132	3	7	3	0	0	145	0	145
5:15-5:20	141	1	7	10	0	0	159	7	166
5:20-5:25	140	0	4	12	0	0	156	14	163
5:25-5:30	125	1	7	19	0	0	152	13	151
5:30-5:35	127	0	4	7	0	0	138	8	133
5:35-5:40	103	2	2	5	0	0	112	10	114
5:40-5:45	107	2	2	4	0	0	115	16	121
5:45-5:50	137	1	1	8	0	0	147	9	140
5:50-5:55	134	1	3	10	0	0	148	20	159
5:55-6:00	118	1	6	6	0	0	131	25	136
6:00-6:05	115	1	3	5	0	0	124	33	132
6:05-6:10	110	2	1	8	0	0	121	36	124
6:10-6:15	143	0	8	10	0	1	162	18	144
6:15-6:20	157	2	9	8	0	1	177	9	168
6:20-6:25	114	2	5	1	0	0	122	20	133
6:25-6:30	132	2	4	14	0	0	152	18	150
6:30-6:35	153	2	5	12	0	0	172	21	175
6:35-6:40	142	0	5	7	0	0	154	10	143
6:40-6:45	123	2	7	10	0	1	143	24	157
6:45-6:50	143	1	7	10	0	1	162	15	153
6:50-6:55	150	2	8	7	0	0	167	18	170
6:55-7:00	161	3	14	13	0	0	191	20	193
7:00-7:05	133	4	10	5	0	0	152	25	157
7:05-7:10	125	0	8	5	0	0	138	24	137
7:10-7:15	162	0	6	15	0	0	183	12	171
7:15-7:20	169	1	6	20	0	0	196	10	194
7:20-7:25	135	1	7	6	0	0	149	11	150
7:25-7:30	131	2	5	9	0	0	147	19	155
7:30-7:35	144	1	1	7	0	2	155	16	152
7:35-7:40	143	1	4	9	0	0	157	12	153
7:40-7:45	144	1	5	6	0	0	156	25	169
7:45-7:50	139	0	3	1	0	0	143	30	148
7:50-7:55	128	0	7	4	0	0	139	20	129
7:55-8:00	120	2	0	4	0	0	126	8	114

Tabela A.29: Contagens de tráfego e procura do troço 1 da Barbir (am)

	Straight			Total	Q	Demand
Time	Cars	Bus	pick up or van			
6:00-6:05	15	2	9	26	5	31
6:05-6:10	23	1	11	35	4	34
6:10-6:15	37	3	7	47	7	50
6:15-6:20	56	5	12	73	3	69
6:20-6:25	67	2	8	77	5	79
6:25-6:30	71	8	15	94	6	95
6:30-6:35	77	7	12	96	9	99
6:35-6:40	93	4	10	107	11	109
6:40-6:45	126	9	12	147	15	151
6:45-6:50	118	12	20	150	20	155
6:50-6:55	140	7	18	165	18	163
6:55-7:00	133	4	15	152	20	154
7:00-7:05	194	4	16	214	24	218
7:05-7:10	159	8	14	181	21	178
7:10-7:15	189	11	8	208	30	217
7:15-7:20	206	13	13	232	35	237
7:20-7:25	216	5	12	233	35	233
7:25-7:30	215	12	8	235	42	242
7:30-7:35	190	4	16	210	36	204
7:35-7:40	231	7	13	251	45	260
7:40-7:45	197	5	13	215	42	212
7:45-7:50	197	5	6	208	45	211
7:50-7:55	228	3	5	236	45	236
7:55-8:00	220	4	11	235	45	235
8:00-8:05	221	5	16	242	45	242
8:05-8:10	183	3	12	198	36	189
8:10-8:15	159	8	9	176	33	173
8:15-8:20	181	3	11	195	42	204
8:20-8:25	207	1	11	219	45	222
8:25-8:30	198	5	7	210	45	210
8:30-8:35	177	4	4	185	45	185
8:35-8:40	151	4	10	165	45	165
8:40-8:45	184	2	14	200	45	200
8:45-8:50	197	2	11	210	45	210
8:50-8:55	206	2	11	219	45	219
8:55-9:00	153	2	11	166	45	166

Tabela A.30: Contagens de tráfego e procura do troço 1 da Barbir (pm)

	Straight			Total	Q	Demand
Time	Cars	Bus	pick up or van			
5:00-5:05	193	5	10	208	45	253
5:05-5:10	186	7	8	201	45	201
5:10-5:15	207	3	11	221	45	221
5:15-5:20	171	4	8	183	45	183
5:20-5:25	199	6	9	214	45	214
5:25-5:30	215	4	9	228	45	228
5:30-5:35	189	5	12	206	45	206
5:35-5:40	204	4	7	215	45	215
5:40-5:45	195	6	9	210	45	210
5:45-5:50	213	4	8	225	45	225
5:50-5:55	180	3	10	193	45	193
5:55-6:00	157	3	6	166	45	166
6:00-6:05	144	0	5	149	45	149
6:05-6:10	169	0	2	171	45	171
6:10-6:15	159	5	7	171	45	171
6:15-6:20	187	6	6	199	45	199
6:20-6:25	150	3	4	157	45	157
6:25-6:30	148	4	9	161	45	161
6:30-6:35	202	2	10	214	45	214
6:35-6:40	178	7	9	194	45	194
6:40-6:45	167	1	3	171	45	171
6:45-6:50	167	2	2	171	45	171
6:50-6:55	197	5	5	207	45	207
6:55-7:00	261	4	4	269	45	269
7:00-7:05	161	3	2	166	45	166
7:05-7:10	179	2	8	189	45	189
7:10-7:15	173	5	8	186	45	186
7:15-7:20	178	2	11	191	36	182
7:20-7:25	162	1	10	173	42	179
7:25-7:30	179	2	7	188	30	176
7:30-7:35	171	1	9	181	36	187
7:35-7:40	187	2	5	194	30	188
7:40-7:45	183	1	7	191	27	188
7:45-7:50	154	1	6	161	18	152
7:50-7:55	163	2	7	172	15	169
7:55-8:00	169	1	4	174	24	183

Tabela A.31: Contagens de tráfego e procura do troço 3 da Barbir (am)

	Straight			Left			U turn			*Total*	*Q*	*Demand*
Time	Cars	Bus	ck up or v	cars	Bus	ck up or v	Cars	Bus	Pick up or van			
6:00-6:05	2	0	0	2	0	0	1	1	0	6	1	7
6:05-6:10	1	0	1	3	0	1	2	2	0	10	2	11
6:10-6:15	2	0	0	1	0	0	0	0	0	3	4	5
6:15-6:20	3	0	1	1	0	1	0	2	0	8	2	6
6:20-6:25	2	1	2	8	0	1	3	2	0	19	3	20
6:25-6:30	4	1	1	6	0	1	2	1	0	16	3	16
6:30-6:35	4	1	3	6	0	3	2	0	1	20	2	19
6:35-6:40	4	0	3	12	0	0	4	1	0	24	6	28
6:40-6:45	3	1	1	14	1	1	2	0	0	23	8	25
6:45-6:50	6	2	0	21	0	2	3	1	1	36	10	38
6:50-6:55	14	0	1	30	0	4	3	1	0	53	10	53
6:55-7:00	14	0	0	29	0	0	7	2	1	53	16	59
7:00-7:05	4	0	0	9	0	1	2	0	0	16	10	10
7:05-7:10	13	0	1	27	1	1	13	1	2	59	12	61
7:10-7:15	15	0	3	25	0	0	7	1	1	52	20	60
7:15-7:20	15	0	1	22	0	0	5	0	0	43	23	46
7:20-7:25	18	0	1	23	0	0	3	1	0	46	20	43
7:25-7:30	17	0	0	21	0	0	5	0	0	43	20	43
7:30-7:35	12	0	0	28	0	0	6	0	0	46	28	54
7:35-7:40	16	0	1	30	0	1	4	1	0	53	25	50
7:40-7:45	17	1	1	24	0	0	4	0	0	47	23	45
7:45-7:50	17	0	1	31	0	0	5	0	0	54	28	59
7:50-7:55	14	0	0	31	0	1	7	1	0	54	28	54
7:55-8:00	8	0	0	40	0	0	1	0	0	49	28	49
8:00-8:05	9	0	1	32	0	2	7	1	0	52	28	52
8:05-8:10	16	0	1	34	0	1	10	0	1	63	28	63
8:10-8:15	12	0	2	20	0	0	9	0	0	43	16	31
8:15-8:20	16	0	3	44	1	0	8	0	1	73	19	76
8:20-8:25	13	0	2	18	0	0	2	0	0	35	20	36
8:25-8:30	7	1	0	32	0	0	9	0	2	51	24	55
8:30-8:35	10	0	0	25	0	0	8	0	0	43	19	38
8:35-8:40	8	0	0	18	0	1	5	0	1	33	19	33
8:40-8:45	13	0	2	35	0	0	10	0	3	63	11	55
8:45-8:50	5	0	0	21	0	0	6	0	0	32	13	34
8:50-8:55	14	0	2	12	0	1	7	0	0	36	10	33
8:55-9:00	9	0	2	13	0	0	7	1	2	34	8	32

Tabela A.32: Contagens de tráfego e procura do troço 3 da Barbir (pm)

	Straight			Left			Right			*Total*	*Q*	Demand
Time	Cars	Bus	pick up or van	cars	Bus	pick up or van	Cars	Bus	Pick up or van			
5:00-5:05	16	0	0	9	0	0	5	0	0	30	8	38
5:05-5:10	14	0	0	10	0	0	7	0	0	31	5	28
5:10-5:15	15	0	0	12	0	0	6	0	0	33	8	36
5:15-5:20	18	0	1	15	0	1	7	0	1	43	10	45
5:20-5:25	7	0	0	15	0	1	8	0	0	31	9	30
5:25-5:30	9	0	0	20	0	0	6	0	0	35	10	36
5:30-5:35	12	0	0	15	0	0	6	0	1	34	7	31
5:35-5:40	15	0	1	18	0	0	4	0	0	38	8	39
5:40-5:45	11	0	1	14	0	0	2	0	1	29	9	30
5:45-5:50	12	0	1	22	0	0	7	0	0	42	8	41
5:50-5:55	13	0	0	18	0	0	5	0	0	36	9	37
5:55-6:00	21	0	1	15	0	0	6	0	0	43	10	44
6:00-6:05	14	0	1	12	0	0	3	0	0	30	8	28
6:05-6:10	18	0	1	25	0	0	3	0	0	47	10	49
6:10-6:15	10	0	0	13	0	2	3	0	0	28	7	25
6:15-6:20	8	0	0	21	0	0	3	0	0	32	8	33
6:20-6:25	13	0	0	16	0	0	3	0	0	32	10	34
6:25-6:30	12	0	1	26	0	0	11	0	0	50	9	49
6:30-6:35	2	0	0	18	0	0	3	0	0	23	8	22
6:35-6:40	7	0	0	8	0	0	2	0	0	17	6	15
6:40-6:45	8	0	0	15	0	0	2	0	1	26	7	27
6:45-6:50	9	0	0	24	1	0	2	0	0	36	12	41
6:50-6:55	9	0	0	13	0	0	8	0	0	30	15	33
6:55-7:00	8	0	0	15	0	0	5	0	0	28	10	23
7:00-7:05	11	0	0	17	0	0	12	0	0	40	6	36
7:05-7:10	10	0	1	21	0	0	2	0	0	34	10	38
7:10-7:15	6	0	0	12	0	0	14	0	0	32	6	28
7:15-7:20	1	0	0	19	0	0	9	0	0	29	7	30
7:20-7:25	6	0	0	22	0	0	2	0	1	31	8	32
7:25-7:30	10	0	0	10	0	0	5	0	0	25	6	23
7:30-7:35	7	0	0	20	0	0	5	0	0	32	7	33
7:35-7:40	7	0	0	20	0	0	4	0	0	31	10	34
7:40-7:45	8	0	0	16	0	0	3	0	0	27	6	23
7:45-7:50	6	0	0	16	0	0	2	0	0	24	8	26
7:50-7:55	6	0	1	16	0	0	6	0	0	29	11	32
7:55-8:00	5	0	0	16	0	0	6	0	0	27	5	21

APÊNDICE B: Análise do estudo de tráfego

Tabela B.1: Dados da etapa 1 de Mar Elias por 15 minutos (am)

		Straight			Left			U turn			
Time		Cars	Bus	pick up or van	cars	Bus	pick up or van	Cars	Bus	Pick up or van	Total
06:00	06:15	36	0	7	2	0	2	0	0	0	47
06:15	06:30	76	4	4	16	4	0	0	0	0	104
06:30	06:45	110	10	7	38	5	2	7	2	2	183
06:45	07:00	165	7	12	53	1	3	6	0	0	247
07:00	07:15	227	10	8	76	2	4	12	0	0	339
07:15	07:30	220	19	8	94	0	3	15	0	0	359
07:30	07:45	266	7	9	93	2	2	25	0	0	404
07:45	08:00	236	6	12	90	4	2	25	0	0	375
08:00	08:15	226	9	5	128	4	3	21	0	1	397
08:15	08:30	236	12	18	101	3	7	21	0	1	399
08:30	08:45	257	10	11	93	4	7	26	0	2	410
08:45	09:00	235	3	14	88	2	1	29	0	2	374

Tabela B.2: Contagem do troço 1 de Mar Elias por 1 hora com início a cada 15 minutos e hora de ponta por troço (am)

		Straight			Left			U turn			
Time		Cars	Bus	pick up or van	cars	Bus	pick up or van	Cars	Bus	Pick up or van	Total
06:00	07:00	387	31	38	185	10	7	13	2	2	675
06:15	07:15	722	46	35	261	8	12	40	2	2	1128
06:30	07:30	722	46	35	261	8	12	40	2	2	1128
06:45	07:45	878	43	37	316	5	12	58	0	0	1349
07:00	08:00	949	42	37	353	8	11	77	0	0	1477
07:15	08:15	948	41	34	405	10	10	86	0	1	1535
07:30	08:30	964	34	44	412	13	14	92	0	2	1575
07:45	08:45	955	37	46	412	15	19	93	0	4	1581
08:00	09:00	954	34	48	410	13	18	97	0	6	1580

Tabela 8.3: Mar Elias Perna 1 Percentagem de veículos pesados (am)

Straight			Left			U turn		
Cars	Bus	pick up or van	cars	Bus	pick up or van	Cars	Bus	Pick up or van
92.67%	4.01%	3.32%	95.29%	2.35%	2.35%	98.85%	0.00%	1.15%

Tabela 8.4: Fator de hora de ponta do troço 1 de Mar Elias (am)

Leg 1	Time	Volume	PHF	Volume/PHF
	7:15-7:30	359	0.949876238	378
	7:30-7:45	404	0.949876238	425
	7:45-8:00	375	0.949876238	395
	8:00-8:15	397	0.949876238	418
	total	1535		1616

Tabela B.5: Dados da etapa 1 de Mar Elias por 15 minutos (pm)

		Straight			Left			U turn			
Time		Cars	Bus	pick up or van	cars	Bus	pick up or van	Cars	Bus	Pick up or van	Total
05:00	05:15	196	2	2	41	1	2	12	0	0	256
05:15	05:30	183	2	1	40	0	0	16	0	0	242
05:30	05:45	228	3	2	59	3	1	23	0	0	319
05:45	06:00	313	4	0	84	0	0	14	0	1	416
06:00	06:15	176	4	5	83	1	0	20	0	0	289
06:15	06:30	270	2	6	72	2	1	15	0	0	368
06:30	06:45	290	4	4	43	0	0	11	0	0	352
06:45	07:00	259	3	5	57	0	1	27	0	2	354
07:00	07:15	281	5	0	52	1	0	17	0	0	356
07:15	07:30	275	4	5	59	1	2	16	0	0	362
07:30	07:45	285	0	3	46	1	0	18	0	0	353
07:45	08:00	284	2	3	65	0	1	25	0	0	380

Tabela B.6: Contagem do troço 1 de Mar Elias por 1 hora com início a cada 15 minutos e hora de ponta por troço (pm)

		Straight			Left			U turn			
Time		Cars	Bus	pick up or van	cars	Bus	pick up or van	Cars	Bus	Pick up or van	Total
05:00	06:00	920	11	5	224	4	3	65	0	1	1233
05:15	06:15	987	13	13	298	6	2	72	0	1	1392
05:30	06:30	987	13	13	298	6	2	72	0	1	1392
05:45	06:45	1049	14	15	282	3	1	60	0	1	1425
06:00	07:00	995	13	20	255	3	2	73	0	2	1363
06:15	07:15	1100	14	15	224	3	2	70	0	2	1430
06:30	07:30	1105	16	14	211	2	3	71	0	2	1424
06:45	07:45	1100	12	13	214	3	3	78	0	2	1425
07:00	08:00	1125	11	11	222	3	3	76	0	0	1451

Tabela B.7: Mar Elias Perna 1 Percentagem de veículos pesados (pm)

Straight			Left			U turn		
Cars	Bus	pick up or van	cars	Bus	ck up or v	Cars	Bus	Pick up or van
98.29%	1.18%	0.53%	96.97%	1.73%	1.30%	98.48%	0.00%	1.52%

Tabela B.8: Fator de hora de ponta do troço 1 de Mar Elias (pm)

Leg 1	Time	Volume	PHF	Volume/PHF
	5:00-5:15	256	0.740985577	345
	5:15-5:30	242	0.740985577	327
	5:30-5:45	319	0.740985577	431
	5:45-6:00	416	0.740985577	561
	total	1233		1664

'Tabela B.9: Dados da Perna 2 de Mar Elias por 15 minutos (am)

Time		Straight			Left			right		
		Cars	Bus	pick up or van	cars	Bus	pick up or van	Cars	Bus	Pick up or van
06:00	06:15	64	5	6	6	0	0	13	0	0
06:15	06:30	109	10	12	8	1	0	34	1	2
06:30	06:45	137	23	8	10	1	0	31	2	2
06:45	07:00	274	11	17	7	0	0	43	0	3
07:00	07:15	349	6	15	20	0	0	46	4	1
07:15	07:30	339	3	11	18	0	0	32	0	0
07:30	07:45	405	6	12	10	0	0	45	0	1
07:45	08:00	417	7	10	6	0	0	43	0	0
08:00	08:15	379	8	1	1	0	0	38	2	2
08:15	08:30	366	11	6	6	9	0	49	0	0
08:30	08:45	333	3	8	11	0	0	52	0	1
08:45	09:00	277	8	3	9	1	0	43	1	2

Tabela B.10: Contagem do troço 2 de Mar Elias por 1 hora com início a cada 15 minutos e hora de ponta por troço (am)

Time		Straight			Left			right			
		Cars	Bus	pick up or van	cars	Bus	pick up or van	Cars	Bus	Pick up or van	Total
06:00	07:00	584	55	58	51	2	0	121	3	7	881
06:15	07:15	1099	43	51	55	1	0	152	6	6	1413
06:30	07:30	1099	43	51	55	1	0	152	6	6	1413
06:45	07:45	1367	26	55	55	0	0	166	4	5	1678
07:00	08:00	1510	22	48	54	0	0	166	4	2	1806
07:15	08:15	1540	24	34	35	0	0	158	2	3	1796
07:30	08:30	1567	32	29	23	9	0	175	2	3	1840
07:45	08:45	1495	29	25	24	9	0	182	2	3	1769
08:00	09:00	1355	30	18	27	10	0	182	3	5	1630

Tabela B.11: Mar Elias Perna 2 Percentagem de veículos pesados (am)

Straight			Left			right		
Cars	Bus	pick up or van	cars	Bus	ck up or va	Cars	Bus	Pick up or van
1540	24	34	35	0	0	158	2	2
96.37%	1.50%	2.13%	100.0%	0	0	96.93%	1.23%	1.23%

Tabela B.12: Fator de hora de ponta do troço 2 de Mar Elias (am)

Leg 2	Time	Volume	PHF	Volume/PHF
	7:15-7:30	124	0.854060914	145
	7:30-7:45	194	0.854060914	227
	7:45-8:00	158	0.854060914	185
	8:00-8:15	197	0.854060914	231
	total	673		788

Tabela B.13: Dados da etapa 2 de Mar Elias por 15 minutos (pm)

		Straight			Left			U turn		
Time		Cars	Bus	pick up or van	cars	Bus	pick up or van	Cars	Bus	Pick up or van
05:00	05:15	230	2	3	5	0	0	37	0	0
05:15	05:30	256	10	3	7	0	0	43	0	0
05:30	05:45	256	7	3	0	0	0	37	0	0
05:45	06:00	266	7	10	0	0	0	53	1	0
06:00	06:15	213	4	3	1	0	0	50	0	0
06:15	06:30	279	4	4	8	0	0	47	0	0
06:30	06:45	239	1	1	16	0	0	33	0	1
06:45	07:00	280	6	5	14	0	0	35	0	0
07:00	07:15	239	3	3	12	0	0	39	0	2
07:15	07:30	256	4	1	19	0	0	40	0	2
07:30	07:45	269	1	4	19	0	0	43	0	0
07:45	08:00	253	1	2	19	0	0	39	0	2

Tabela B.14: Contagem do troço 2 de Mar Elias por 1 hora com início a cada 15 minutos e hora de ponta por troço (pm)

		Straight			Left			U turn			
Time		Cars	Bus	pick up or van	cars	Bus	pick up or van	Cars	Bus	Pick up or van	Total
05:00	06:00	1008	26	19	12	0	0	170	1	0	1236
05:15	06:15	1014	22	20	9	0	0	187	1	0	1253
05:30	06:30	1014	22	20	9	0	0	187	1	0	1253
05:45	06:45	997	16	18	25	0	0	183	1	1	1241
06:00	07:00	1011	15	13	39	0	0	165	0	1	1244
06:15	07:15	1037	14	13	50	0	0	154	0	3	1271
06:30	07:30	1014	14	10	61	0	0	147	0	5	1251
06:45	07:45	1044	14	13	64	0	0	157	0	4	1296
07:00	08:00	1017	9	10	69	0	0	161	0	6	1272

Tabela B.15: Mar Elias Perna 2 Percentagem de veículos pesados (pm)

Straight			Left			U turn		
Cars	Bus	ck up or v	cars	Bus	ck up or v	Cars	Bus	Pick up or van
1008	26	19	12	0	0	170	1	0
95.73%	2.47%	1.80%	100.00%	0.00%	0.00%	99.42%	0.58%	0.00%

Tabela B.16: Fator de hora de ponta do troço 2 de Mar Elias (pm)

Leg 2	Time	Volume	PHF	Volume/PHF
	5:00-5:15	277	0.916913947	302
	5:15-5:30	319	0.916913947	348
	5:30-5:45	303	0.916913947	330
	5:45-6:00	337	0.916913947	368
	total	1236		1348

Tabela B.17: Dados da etapa 3 de Mar Elias por 15 minutos (am)

		Straight			Left			Right			
Time		Cars	Bus	pick up or van	cars	Bus	pick up or van	Cars	Bus	Pick up or van	Total
06:00	06:15	0	0	0	31	0	3	7	0	1	42
06:15	06:30	0	0	0	22	7	1	9	0	0	39
06:30	06:45	0	0	0	59	4	5	18	0	2	88
06:45	07:00	0	0	0	106	2	2	31	2	0	143
07:00	07:15	0	0	0	100	1	4	39	1	3	148
07:15	07:30	0	0	0	132	1	1	24	0	0	158
07:30	07:45	0	0	0	97	3	1	23	0	0	124
07:45	08:00	0	0	0	137	1	0	54	1	1	194
08:00	08:15	0	0	0	111	1	0	46	0	0	158
08:15	08:30	0	0	0	134	1	1	58	0	3	197
08:30	08:45	0	0	0	132	2	1	44	0	2	181
08:45	09:00	0	0	0	123	1	1	39	0	2	166

Tabela B.18: Contagem do troço 3 de Mar Elias por 1 hora com início a cada 15 minutos e hora de ponta por troço (am)

		Straight			Left			Right			
Time		Cars	Bus	pick up or van	cars	Bus	pick up or van	Cars	Bus	Pick up or van	Total
06:00	07:00	0	0	0	318	13	11	65	2	3	412
06:15	07:15	0	0	0	397	8	12	112	3	5	537
06:30	07:30	0	0	0	397	8	12	112	3	5	537
06:45	07:45	0	0	0	435	7	8	117	3	3	573
07:00	08:00	0	0	0	466	6	6	140	2	4	624
07:15	08:15	0	0	0	477	6	2	147	1	1	634
07:30	08:30	0	0	0	479	6	2	181	1	4	673
07:45	08:45	0	0	0	514	5	2	202	1	6	730
08:00	09:00	0	0	0	500	5	3	187	0	7	702

Tabela B.19: Mar Elias Perna 3 Percentagem de veículos pesados (am)

Straight			Left			Right		
Cars	Bus	pick up or van	cars	Bus	pick up or van	Cars	Bus	Pick up or van
0	0	0	98.35%	1.24%	0.41%	98.66%	0.67%	0.67%

Tabela B.20: Fator de hora de ponta do troço 3 de Mar Elias (am)

Leg 3	Time	Volume	PHF	Volume/PHF
	7:15-7:30	441	0.934782609	472
	7:30-7:45	403	0.934782609	431
	7:45-8:00	479	0.934782609	512
	8:00-8:15	483	0.934782609	517
	total	1806		1932

Tabela B.21: Dados da etapa 3 de Mar Elias por 15 minutos (pm)

		Straight			Left			Right			
Time		Cars	Bus	pick up or van	cars	Bus	pick up or van	Cars	Bus	Pick up or van	Total
05:00	05:15	0	0	0	117	1	0	32	0	0	150
05:15	05:30	0	0	0	106	3	1	29	0	1	140
05:30	05:45	0	0	0	109	1	0	41	0	0	151
05:45	06:00	0	0	0	101	0	0	31	0	1	133
06:00	06:15	0	0	0	97	3	1	38	0	1	140
06:15	06:30	0	0	0	103	2	0	45	1	1	152
06:30	06:45	0	0	0	106	2	3	40	0	0	151
06:45	07:00	0	0	0	56	2	0	58	0	0	116
07:00	07:15	0	0	0	107	1	0	68	0	0	176
07:15	07:30	0	0	0	95	2	0	53	0	0	150
07:30	07:45	0	0	0	106	2	2	44	0	0	154
07:45	08:00	0	0	0	100	0	0	24	0	0	124

Tabela B.22: Contagem do troço 3 de Mar Elias por 1 hora com início a cada 15 minutos e hora de ponta por troço (pm)

		Straight			Left			Right			
Time		Cars	Bus	pick up or van	cars	Bus	pick up or van	Cars	Bus	Pick up or van	Total
05:00	06:00	0	0	0	433	5	1	133	0	2	574
05:15	06:15	0	0	0	410	6	1	155	1	3	576
05:30	06:30	0	0	0	410	6	1	155	1	3	576
05:45	06:45	0	0	0	407	7	4	154	1	3	576
06:00	07:00	0	0	0	362	9	4	181	1	2	559
06:15	07:15	0	0	0	372	7	3	211	1	1	595
06:30	07:30	0	0	0	364	7	3	219	0	0	593
06:45	07:45	0	0	0	364	7	2	223	0	0	596
07:00	08:00	0	0	0	408	5	2	189	0	0	604

Tabela B.23: Mar Elias Perna 3 Percentagem de veículos pesados (pm)

Straight			Left			Right		
Cars	Bus	pick up or van	cars	Bus	pick up or van	Cars	Bus	Pick up or van
0	0	0	98.63%	1.14%	0.23%	98.52%	0.00%	1.48%

Tabela B.24: Fator de hora de ponta do troço 3 de Mar Elias (pm)

Leg 3	Time	Volume	PHF	Volume/PHF
	5:00-5:15	150	0.950331126	158
	5:15-5:30	140	0.950331126	147
	5:30-5:45	151	0.950331126	159
	5:45-6:00	133	0.950331126	140
	total	574		604

Quadro B.25: Barbour 1 Perna 1 Dados por 15 minutos (am)

Time		Straight			right			
		Cars	Bus	pick up or van	cars	Bus	pick up or van	Total
06:00	06:15	42	2	6	39	1	4	94
06:15	06:30	60	4	3	60	5	7	139
06:30	06:45	78	7	3	85	9	10	192
06:45	07:00	165	3	14	124	7	10	323
07:00	07:15	177	15	5	154	6	6	363
07:15	07:30	267	14	7	144	4	6	442
07:30	07:45	272	6	13	196	3	10	500
07:45	08:00	234	2	11	162	7	8	424
08:00	08:15	269	3	8	145	10	6	441
08:15	08:30	227	5	13	153	11	3	412
08:30	08:45	233	3	4	160	8	5	413
08:45	09:00	228	5	8	149	2	7	399

Quadro B.26: Barbour 1 Troço 1 Contagem por 1 hora com início a cada 15 minutos e hora de ponta por troço (am)

Time		Straight			right			
		Cars	Bus	pick up or van	cars	Bus	pick up or van	Total
06:00	07:00	345	16	26	308	22	31	**748**
06:15	07:15	687	39	29	507	26	32	**1320**
06:30	07:30	687	39	29	507	26	32	**1320**
06:45	07:45	881	38	39	618	20	32	**1628**
07:00	08:00	950	37	36	656	20	30	**1729**
07:15	08:15	1042	25	39	647	24	30	**1807**
07:30	08:30	1002	16	45	656	31	27	**1777**
07:45	08:45	963	13	36	620	36	22	**1690**
08:00	09:00	957	16	33	607	31	21	**1665**

Quadro B.27: Barbour 1 Leg 1 Percentagem de veículos pesados (am)

Straight			right		
Cars	Bus	ck up or va	cars	Bus	pick up or van
94.21%	2.26%	3.53%	85.32%	6.09%	8.59%

Tabela B.28: Fator de hora de ponta do Barbour 1 Perna 1 (am)

Leg 1	Time	Volume	PHF	Volume/PHF
	7:15-7:30	442	0.9035	489
	7:30-7:45	500	0.9035	553
	7:45-8:00	424	0.9035	469
	8:00-8:15	441	0.9035	488
	total	1807		2000

Quadro B.29: Barbour 1 Perna 1 Dados por 15 minutos (pm)

Time		Straight			right			
		Cars	Bus	pick up or van	cars	Bus	pick up or van	Total
05:00	05:15	233	2	7	121	2	8	373
05:15	05:30	215	2	2	95	3	3	320
05:30	05:45	292	4	3	153	1	2	455
05:45	06:00	274	3	2	170	1	2	452
06:00	06:15	291	4	3	138	2	4	442
06:15	06:30	286	3	5	157	2	1	454
06:30	06:45	288	2	5	131	4	2	432
06:45	07:00	268	5	3	144	3	2	425
07:00	07:15	272	4	4	136	1	1	418
07:15	07:30	250	5	1	131	3	3	393
07:30	07:45	234	1	0	158	1	2	396
07:45	08:00	213	1	6	152	3	1	376

Quadro B.30: Barbour 1 Troço 1 Contagem por 1 hora com início a cada 15 minutos e hora de ponta por troço (pm)

Time		Straight			Left			
		Cars	Bus	pick up or van	cars	Bus	pick up or van	Total
05:00	06:00	1014	11	14	539	7	15	1600
05:15	06:15	1143	14	13	618	6	9	1803
05:30	06:30	1143	14	13	618	6	9	1803
05:45	06:45	1139	12	15	596	9	9	1780
06:00	07:00	1133	14	16	570	11	9	1753
06:15	07:15	1114	14	17	568	10	6	1729
06:30	07:30	1078	16	13	542	11	8	1668
06:45	07:45	1024	15	8	569	8	8	1632
07:00	08:00	969	11	11	577	8	7	1583

Quadro B.31: Barbour 1 Leg 1 Percentagem de veículos pesados (pm)

Straight			right		
Cars	Bus	ck up or v	cars	Bus	pick up or van
97.59%	1.06%	1.35%	96.08%	1.25%	2.67%

Tabela B.32: Fator de hora de ponta do Barbour 1 Perna 1 (pm)

Leg 1	Time	Volume	PHF	Volume/PHF
	5:00-5:15	373	0.879120879	424
	5:15-5:30	320	0.879120879	364
	5:30-5:45	455	0.879120879	518
	5:45-6:00	452	0.879120879	514
	total	1600		1820

Quadro B.33: Dados do Barbour 1 Perna 2 por 15 minutos (am)

		Straight			Left			U turn		
Time		Cars	Bus	pick up or van	cars	Bus	pick up or van	Cars	Bus	Pick up or van
06:00	06:15	36	3	2	6	0	0	27	1	0
06:15	06:30	47	8	0	10	0	1	31	1	6
06:30	06:45	36	6	5	13	1	2	38	4	5
06:45	07:00	78	4	3	30	0	0	51	7	5
07:00	07:15	88	3	8	35	0	0	67	3	4
07:15	07:30	130	1	5	66	1	4	71	0	0
07:30	07:45	136	3	2	55	0	1	67	1	3
07:45	08:00	113	3	2	45	0	1	39	0	3
08:00	08:15	108	2	1	63	3	1	78	0	2
08:15	08:30	93	1	3	52	0	0	75	1	1
08:30	08:45	99	2	7	50	0	1	70	1	2
08:45	09:00	135	5	3	35	0	1	70	2	4

Tabela B.34: Contagem do troço 2 do Barbour 1 por 1 hora com início a cada 15 minutos e hora de ponta por troço (am)

		Straight			Left			U turn			
Time		Cars	Bus	pick up or van	cars	Bus	pick up or van	Cars	Bus	Pick up or van	Total
06:00	07:00	197	24	18	94	1	3	147	13	16	513
06:15	07:15	332	14	21	144	2	6	227	14	14	774
06:30	07:30	332	14	21	144	2	6	227	14	14	774
06:45	07:45	432	11	18	186	1	5	256	11	12	932
07:00	08:00	467	10	17	201	1	6	244	4	10	960
07:15	08:15	487	9	10	229	4	7	255	1	8	1010
07:30	08:30	450	9	8	215	3	3	259	2	9	958
07:45	08:45	413	8	13	210	3	3	262	2	8	922
08:00	09:00	435	10	14	200	3	3	293	4	9	971

Quadro B.35: Barbour 1 Perna 2 Percentagem de veículos pesados (am)

Straight			Left			U turn		
Cars	Bus	ck up or va	cars	Bus	ck up or va	Cars	Bus	Pick up or van
487	9	10	229	4	7	255	1	8
96.25%	1.78%	1.98%	95.42%	1.67%	2.92%	96.59%	0.38%	3.03%

Tabela B.36: Fator de hora de ponta Barbour 1 Perna 2 (am)

Leg2	Time	Volume	PHF	Volume/PHF
	7:15-7:30	278	0.908273	306
	7:30-7:45	268	0.908273	295
	7:45-8:00	206	0.908273	227
	8:00-8:15	258	0.908273	284
	total	1010		1112

Quadro B.37: Dados do Barbour 1 Perna 2 por 15 minutos (pm)

Time		Straight			Left			U turn		
		Cars	Bus	pick up or van	cars	Bus	pick up or van	Cars	Bus	Pick up or van
05:00	05:15	126	2	2	65	0	0	87	0	0
05:15	05:30	153	0	4	90	0	0	70	0	0
05:30	05:45	135	2	1	40	0	0	65	3	0
05:45	06:00	116	0	1	37	0	0	51	1	0
06:00	06:15	149	1	3	59	0	1	67	2	1
06:15	06:30	125	0	3	56	0	2	61	0	0
06:30	06:45	115	2	1	47	0	2	67	0	3
06:45	07:00	109	0	3	41	0	0	49	0	1
07:00	07:15	97	0	0	38	0	2	53	0	0
07:15	07:30	94	0	3	41	0	0	39	1	2
07:30	07:45	77	1	4	25	0	0	43	0	3
07:45	08:00	72	0	1	58	0	0	59	0	0

Tabela B.38: Contagem do troço 2 do Barbour 1 por 1 hora a partir de cada 15 minutos e hora de ponta por troço (pm)

Time		Straight			Left			U turn			
		Cars	Bus	pick up or van	cars	Bus	pick up or van	Cars	Bus	Pick up or van	Total
05:00	06:00	530	4	8	232	0	0	273	4	0	1051
05:15	06:15	525	3	8	192	0	3	244	6	1	982
05:30	06:30	525	3	8	192	0	3	244	6	1	982
05:45	06:45	505	3	8	199	0	5	246	3	4	973
06:00	07:00	498	3	10	203	0	5	244	2	5	970
06:15	07:15	446	2	7	182	0	6	230	0	4	877
06:30	07:30	415	2	7	167	0	4	208	1	6	810
06:45	07:45	377	1	10	145	0	2	184	1	6	726
07:00	08:00	340	1	8	162	0	2	194	1	5	713

Quadro B.39: Barbour 1 Perna 2 Percentagem de veículos pesados (pm)

Straight			Left			U turn		
Cars	Bus	pick up or van	cars	Bus	ck up or v	Cars	Bus	Pick up or van
97.79%	0.74%	1.48%	100.00%	0.00%	0.00%	98.56%	1.44%	0.00%

Tabela B.40: Fator de hora de ponta Barbour 1 Perna 2 (pm)

Leg 2	Time	Volume	PHF	Volume/PHF
	5:00-5:15	282	0.828864353	340
	5:15-5:30	317	0.828864353	382
	5:30-5:45	246	0.828864353	297
	5:45-6:00	206	0.828864353	249
	total	1051		1268

Quadro B.41: Dados da etapa 3 do Barbour 1 por 15 minutos (am)

Time		Straight			Total
		Cars	Bus	pick up or van	
06:00	06:15	80	4	6	90
06:15	06:30	132	10	4	146
06:30	06:45	211	21	18	250
06:45	07:00	379	8	17	404
07:00	07:15	412	7	12	431
07:15	07:30	501	12	8	521
07:30	07:45	430	6	6	442
07:45	08:00	426	9	9	444
08:00	08:15	491	7	5	503
08:15	08:30	401	4	8	413
08:30	08:45	441	6	10	457
08:45	09:00	383	4	10	397

Tabela B.42: Contagem do troço 3 do Barbour 1 por 1 hora com início a cada 15 minutos e hora de ponta por troço (am)

Time		Straight			Total
		Cars	Bus	pick up or van	
06:00	07:00	802	50	57	909
06:15	07:15	1503	48	55	1606
06:30	07:30	1503	48	55	1606
06:45	07:45	1722	33	43	1798
07:00	08:00	1769	34	35	1838
07:15	08:15	1848	34	28	1910
07:30	08:30	1748	26	28	1802
07:45	08:45	1759	26	32	1817
08:00	09:00	1716	21	33	1770

Quadro B.43: Barbour 1 Perna 3 Percentagem de veículos pesados (am)

Straight		
Cars	Bus	pick up or van
88.23%	5.50%	6.27%

Tabela B.44: Fator de hora de ponta do Barbour 1 Perna 3 (am)

Leg3	Time	Volume	PHF	Volume/PHF
	7:15-7:30	521	0.916507	568
	7:30-7:45	442	0.916507	482
	7:45-8:00	444	0.916507	484
	8:00-8:15	503	0.916507	549
	total	1910		2084

Quadro B.45: Dados do Barbour 1 Perna 3 por 15 minutos (pm)

		Straight			
Time		Cars	Bus	pick up or van	Total
05:00	05:15	315	6	5	326
05:15	05:30	360	8	3	371
05:30	05:45	254	5	4	263
05:45	06:00	356	6	7	369
06:00	06:15	320	4	3	327
06:15	06:30	264	5	1	270
06:30	06:45	310	8	4	322
06:45	07:00	299	3	0	302
07:00	07:15	265	3	0	268
07:15	07:30	271	5	0	276
07:30	07:45	283	0	1	284
07:45	08:00	276	1	0	277

Quadro B.46: Barbour 1 Troço 3 Contagem por 1 hora a partir de cada 15 minutos e hora de ponta por troço (pm)

		Straight			
Time		Cars	Bus	pick up or van	Total
05:00	06:00	1285	25	19	1329
05:15	06:15	1194	20	15	1229
05:30	06:30	1194	20	15	1229
05:45	06:45	1250	23	15	1288
06:00	07:00	1193	20	8	1221
06:15	07:15	1138	19	5	1162
06:30	07:30	1145	19	4	1168
06:45	07:45	1118	11	1	1130
07:00	08:00	1095	9	1	1105

Quadro B.47: Barbour 1 Perna 3 Percentagem de veículos pesados (pm)

Straight		
Cars	Bus	pick up or van
96.69%	1.88%	1.43%

Tabela B.48: Fator de hora de ponta do Barbour 1 Perna 3 (pm)

Leg 3	Time	Volume	PHF	Volume/PHF
	5:00-5:15	326	0.895552561	364
	5:15-5:30	371	0.895552561	414
	5:30-5:45	263	0.895552561	294
	5:45-6:00	369	0.895552561	412
	total	1329		1484

Quadro B.49: Dados do troço 1 do Barbour 2 por 15 minutos (am)

Time		Straight			Total
		Cars	Bus	pick up or van	
06:00	06:15	24	1	1	26
06:15	06:30	50	1	1	52
06:30	06:45	116	10	5	131
06:45	07:00	185	7	12	204
07:00	07:15	264	12	13	289
07:15	07:30	310	13	7	330
07:30	07:45	358	8	4	370
07:45	08:00	360	3	13	376
08:00	08:15	286	2	13	301
08:15	08:30	301	4	7	312
08:30	08:45	295	5	6	306
08:45	09:00	241	4	8	253

Tabela B.50: Barbour 2 Troço 1 Contagem por 1 hora com início a cada 15 minutos e hora de ponta por troço (am)

Time		Straight			Total
		Cars	Bus	pick up or van	
06:00	07:00	375	31	32	438
06:15	07:15	875	42	37	954
06:30	07:30	875	42	37	954
06:45	07:45	1117	40	36	1193
07:00	08:00	1292	36	37	1365
07:15	08:15	1314	26	37	1377
07:30	08:30	1305	17	37	1359
07:45	08:45	1242	14	39	1295
08:00	09:00	1123	15	34	1172

Tabela B.51: Barbour 2 Leg 1 Percentagem de veículos pesados (am)

Time		Cars	Bus	pick up or van
07:15	08:15	95.42%	1.89%	2.69%

Tabela B.52: Fator de hora de ponta Barbour 2 Leg 1 (am)

Leg 1	Time	Volume	PHF	Volume/PHF
	7:15-7:30	330	0.915558511	360
	7:30-7:45	370	0.915558511	404
	7:45-8:00	376	0.915558511	411
	8:00-8:15	301	0.915558511	329
	total	1377		1504

Quadro B.53: Dados do troço 1 do Barbour 2 por 15 minutos (pm)

Time		Straight			Total
		Cars	Bus	pick up or van	
05:00	05:15	252	2	4	258
05:15	05:30	376	4	9	389
05:30	05:45	277	6	4	287
05:45	06:00	282	2	5	289
06:00	06:15	347	4	8	359
06:15	06:30	318	2	5	325
06:30	06:45	311	3	4	318
06:45	07:00	329	2	3	334
07:00	07:15	339	5	3	347
07:15	07:30	276	6	5	287
07:30	07:45	279	1	7	287
07:45	08:00	213	3	0	216
		3599	40	57	

Tabela B.54: Contagem do troço 1 do Barbour 2 por 1 hora com início a cada 15 minutos e hora de ponta por troço (pm)

Time		Straight			Total
		Cars	Bus	pick up or van	
05:00	06:00	1187	14	22	**1223**
05:15	06:15	1282	16	26	**1324**
05:30	06:30	1224	14	22	**1260**
05:45	06:45	1258	11	22	**1291**
06:00	07:00	1305	11	20	**1336**
06:15	07:15	1297	12	15	**1324**
06:30	07:30	1255	16	15	**1286**
06:45	07:45	1223	14	18	**1255**
07:00	08:00	1107	15	15	**1137**

Quadro B.55: Barbour 2 Leg 1 Percentagem de veículos pesados (pm)

Time	Cars	Bus	pick up or van
5:15-6:15	48.41%	0.60%	0.98%

Tabela B.56: Fator de hora de ponta do Barbour 2 Leg 1 (pm)

Leg 1	Time	Volume	PHF	Volume/PHF
	5:00-5:15	258	0.785989717	328
	5:15-5:30	389	0.785989717	495
	5:30-5:45	287	0.785989717	365
	5:45-6:00	289	0.785989717	368
	total	1223		1556

Quadro B.57: Dados do troço 2 do Barbour 2 por 15 minutos (am)

		Straight			Left			Right			
Time		Cars	Bus	pick up or van	cars	Bus	pick up or van	Cars	Bus	Pick up or van	Total
06:00	06:15	47	4	8	17	0	4	4	1	0	85
06:15	06:30	70	10	2	27	6	1	5	1	3	125
06:30	06:45	79	4	1	29	1	3	7	3	1	128
06:45	07:00	124	8	1	46	1	3	17	1	3	204
07:00	07:15	194	7	4	63	1	3	12	1	3	288
07:15	07:30	224	12	5	94	3	10	15	2	4	369
07:30	07:45	245	11	5	97	5	7	26	2	2	400
07:45	08:00	232	10	9	90	4	3	18	1	3	370
08:00	08:15	242	6	6	69	4	3	17	2	3	352
08:15	08:30	184	7	8	52	9	6	11	1	4	282
08:30	08:45	193	3	5	50	5	4	15	1	3	279
08:45	09:00	189	7	6	48	6	1	17	3	3	280

Tabela B.58: Contagem do troço 2 do Barbour 2 por 1 hora com início a cada 15 minutos e hora de ponta por troço (am)

		Straight			Left			Right			
Time		Cars	Bus	pick up or van	cars	Bus	pick up or van	Cars	Bus	Pick up or van	Total
06:00	07:00	320	33	16	182	8	11	33	6	7	616
06:15	07:15	621	31	11	232	6	19	51	7	11	989
06:30	07:30	621	31	11	232	6	19	51	7	11	989
06:45	07:45	787	38	15	300	10	23	70	6	12	1261
07:00	08:00	895	40	23	344	13	23	71	6	12	1427
07:15	08:15	943	39	25	350	16	23	76	7	12	1491
07:30	08:30	903	34	28	308	22	19	72	6	12	1404
07:45	08:45	851	26	28	261	22	16	61	5	13	1283
08:00	09:00	808	23	25	219	24	14	60	7	13	1193

Tabela B.59: Barbour 2 Leg 2 Percentagem de veículos pesados (am)

Straight			Left			Right		
Cars	Bus	pick up or van	cars	Bus	pick up or van	Cars	Bus	Pick up or van
93.64%	3.87%	2.48%	34.76%	1.59%	2.28%	7.55%	0.70%	1.19%

Tabela B.60: Fator Hora de Pico Barbour 2 Perna 2 (am)

Leg 2	Time	Volume	PHF	Volume/PHF
	7:15-7:30	369	0.931875	396
	7:30-7:45	400	0.931875	429
	7:45-8:00	370	0.931875	397
	8:00-8:15	352	0.931875	378
	total	1491		1600

Quadro B.61: Dados do troço 2 do Barbour 2 por 15 minutos (pm)

		Straight			Left			Right			
Time		Cars	Bus	pick up or van	cars	Bus	pick up or van	Cars	Bus	Pick up or van	Total
05:00	05:15	139	4	8	47	0	4	26	1	0	229
05:15	05:30	133	10	2	41	6	1	33	1	3	230
05:30	05:45	143	4	1	51	1	3	36	3	1	243
05:45	06:00	163	8	1	40	1	3	38	1	3	258
06:00	06:15	154	7	4	44	1	3	39	1	3	256
06:15	06:30	106	12	5	43	3	10	40	2	4	225
06:30	06:45	125	11	5	24	5	7	34	2	2	215
06:45	07:00	108	10	9	57	4	3	24	1	3	219
07:00	07:15	132	6	6	60	4	3	24	2	3	240
07:15	07:30	115	7	8	35	9	6	23	1	4	208
07:30	07:45	110	3	5	53	5	4	23	1	3	207
07:45	08:00	120	7	6	49	6	1	26	3	3	221

Tabela B.62: Barbour 2 Perna 2 Contagem por 1 hora a partir de cada 15 minutos e hora de ponta por perna (pm)

		Straight			Left			Right			
Time		Cars	Bus	pick up or van	cars	Bus	pick up or van	Cars	Bus	Pick up or van	Total
05:00	06:00	578	26	12	179	8	11	133	6	7	960
05:15	06:15	593	29	8	176	9	10	146	6	10	987
05:30	06:30	566	31	11	178	6	19	153	7	11	982
05:45	06:45	548	38	15	151	10	23	151	6	12	954
06:00	07:00	493	40	23	168	13	23	137	6	12	915
06:15	07:15	471	39	25	184	16	23	122	7	12	899
06:30	07:30	480	34	28	176	22	19	105	6	12	882
06:45	07:45	465	26	28	205	22	16	94	5	13	874
07:00	08:00	477	23	25	197	24	14	96	7	13	876

Tabela B.63: Barbour 2 Leg 2 Percentagem de veículos pesados (pm)

Straight			Left			Right		
Cars	Bus	pick up or van	cars	Bus	pick up or van	Cars	Bus	Pick up or van
93.83%	4.22%	1.95%	90.40%	4.04%	5.56%	91.10%	4.11%	4.79%

Tabela B.64: Fator Hora de Pico Barbour 2 Perna 2 (pm)

Leg 2	Time	Volume	PHF	Volume/PHF
	5:00-5:15	229	0.930232558	246
	5:15-5:30	230	0.930232558	247
	5:30-5:45	243	0.930232558	261
	5:45-6:00	258	0.930232558	277
	total	960		1032

Quadro B.65: Dados do Barbour 2 Perna 3 por 15 minutos (am)

		Straight			right		
Time		Cars	Bus	pick up or van	cars	Bus	pick up or van
06:00	06:15	93	0	0	24	1	6
06:15	06:30	101	1	1	38	2	4
06:30	06:45	209	17	15	80	10	13
06:45	07:00	381	10	19	86	16	12
07:00	07:15	364	7	9	94	2	2
07:15	07:30	422	10	13	88	5	3
07:30	07:45	391	9	12	91	1	1
07:45	08:00	473	8	18	102	1	3
08:00	08:15	382	4	10	72	0	4
08:15	08:30	354	5	9	69	1	1
08:30	08:45	297	5	9	70	1	5
08:45	09:00	368	4	14	88	0	6
		3835	80	129	902	40	60

Tabela B.66: Contagem do troço 3 do Barbour 2 por 1 hora com início a cada 15 minutos e hora de ponta por troço (am)

		Straight			right			
Time		Cars	Bus	pick up or van	cars	Bus	pick up or van	Total
06:00	07:00	784	35	44	322	29	35	**1249**
06:15	07:15	1376	44	56	348	33	30	**1887**
06:30	07:30	1376	44	56	348	33	30	**1887**
06:45	07:45	1558	36	53	359	24	18	**2048**
07:00	08:00	1650	34	52	375	9	9	**2129**
07:15	08:15	1668	31	53	353	7	11	**2123**
07:30	08:30	1600	26	49	334	3	9	**2021**
07:45	08:45	1506	22	46	313	3	13	**1903**
08:00	09:00	1401	18	42	299	2	16	**1778**

Quadro B.67: Barbour 2 Perna 3 Percentagem de veículos pesados (am)

Straight			right		
Cars	Bus	ck up or v	cars	Bus	pick up or van
95.21%	1.77%	3.03%	95.15%	1.89%	2.96%

Tabela B.68: Fator de hora de ponta do Barbour 2 Perna 3 (am)

Leg 3	Time	Volume	PHF	Volume/PHF
	7:15-7:30	541	0.877272727	617
	7:30-7:45	505	0.877272727	576
	7:45-8:00	605	0.877272727	690
	8:00-8:15	472	0.877272727	538
	total	2123		2420

Tabela B.69: Barbour 2 Perna 3 Dados por 15 minutos (pm)

Time		Straight			right			
		Cars	Bus	pick up or van	cars	Bus	pick up or van	total
05:00	05:15	245	2	3	83	1	0	334
05:15	05:30	256	1	4	72	0	6	339
05:30	05:45	204	4	2	77	0	5	292
05:45	06:00	233	4	4	97	0	0	338
06:00	06:15	239	5	3	72	2	0	321
06:15	06:30	206	3	0	73	2	0	284
06:30	06:45	220	1	0	78	1	1	301
06:45	07:00	211	2	1	72	2	0	288
07:00	07:15	204	2	2	73	1	1	283
07:15	07:30	235	3	1	73	1	1	314
07:30	07:45	272	3	3	93	1	1	373
07:45	08:00	269	0	1	122	1	1	394

Tabela B.70: Barbour 2 Troço 3 Contagem por 1 hora com início a cada 15 minutos e hora de ponta por troço (pm)

Time		Straight			Left			
		Cars	Bus	pick up or van	cars	Bus	pick up or van	Total
05:00	06:00	938	11	13	329	1	11	**1303**
05:15	06:15	932	14	13	318	2	11	**1290**
05:30	06:30	882	16	9	319	4	5	**1235**
05:45	06:45	898	13	7	320	5	1	**1244**
06:00	07:00	876	11	4	295	7	1	**1194**
06:15	07:15	841	8	3	296	6	2	**1156**
06:30	07:30	870	8	4	296	5	3	**1186**
06:45	07:45	922	10	7	311	5	3	**1258**
07:00	08:00	980	8	7	361	4	4	**1364**

Tabela B.71: Barbour 2 Perna 3 Percentagem de veículos pesados (pm)

Straight			right		
Cars	Bus	ck up or v	cars	Bus	pick up or van
97.51%	1.14%	1.35%	96.48%	0.29%	3.23%

Tabela B.72: Fator de hora de ponta do Barbour 2 Perna 3 (pm)

Leg 3	Time	Volume	PHF	Volume/PHF
	5:00-5:15	334	0.960914454	348
	5:15-5:30	339	0.960914454	353
	5:30-5:45	292	0.960914454	304
	5:45-6:00	338	0.960914454	352
	total	1303		1356

Quadro B.73: Dados do percurso 1 da Cola por 15 minutos (am)

Time		Straight			right			
		Cars	Bus	pick up or van	cars	Bus	pick up or van	total
06:00	06:15	44	2	4	4	0	0	54
06:15	06:30	46	5	7	4	2	0	64
06:30	06:45	108	14	10	6	1	0	139
06:45	07:00	173	6	8	3	2	1	193
07:00	07:15	240	10	11	6	0	1	268
07:15	07:30	320	17	8	11	0	0	356
07:30	07:45	366	8	4	13	0	1	392
07:45	08:00	269	5	10	13	0	0	297
08:00	08:15	329	6	8	12	0	0	355
08:15	08:30	294	3	9	14	0	0	320
08:30	08:45	299	3	8	10	0	2	322
08:45	09:00	295	4	9	11	0	0	319

Tabela B.74: Contagem do percurso 1 do Cola por 1 hora com início a cada 15 minutos e hora de ponta por percurso (am)

Time		Straight			right			
		Cars	Bus	pick up or van	cars	Bus	pick up or van	Total
06:00	07:00	371	37	40	23	5	1	**477**
06:15	07:15	841	47	37	26	3	2	**956**
06:30	07:30	841	47	37	26	3	2	**956**
06:45	07:45	1099	41	31	33	2	3	**1209**
07:00	08:00	1195	40	33	43	0	2	**1313**
07:15	08:15	1284	36	30	49	0	1	**1400**
07:30	08:30	1258	22	31	52	0	1	**1364**
07:45	08:45	1191	17	35	49	0	2	**1294**
08:00	09:00	1217	16	34	47	0	2	**1316**

Quadro B.75: Cola Leg 1 Percentagem de veículos pesados (am)

Straight			right		
Cars	Bus	pick up or van	cars	Bus	pick up or van
95.11%	2.67%	2.22%	98.00%	0.00%	2.00%

Tabela B.76: Fator de hora de ponta do troço 1 do Cola (am)

Leg 1	Time	Volume	PHF	Volume/PHF
	7:15-7:30	356	0.892857	399
	7:30-7:45	392	0.892857	439
	7:45-8:00	297	0.892857	333
	8:00-8:15	355	0.892857	398
	total	1400		1568

Quadro B.77: Dados do percurso 1 da Cola por 15 minutos (pm)

Time		Straight			right			
		Cars	Bus	pick up or van	cars	Bus	pick up or van	Total
05:00	05:15	248	6	9	6	0	0	269
05:15	05:30	255	4	10	10	0	0	279
05:30	05:45	241	6	6	9	0	1	263
05:45	06:00	230	8	1	10	0	0	249
06:00	06:15	233	6	0	8	1	0	248
06:15	06:30	278	5	3	16	0	0	302
06:30	06:45	348	4	4	7	0	0	363
06:45	07:00	313	7	1	16	0	1	338
07:00	07:15	273	5	3	12	0	0	293
07:15	07:30	300	8	0	14	0	0	322
07:30	07:45	299	6	8	10	0	0	323
07:45	08:00	236	4	4	7	0	0	251

Tabela B.78: Contagem do troço 1 de Cola por 1 hora a partir de cada 15 minutos e hora de ponta por troço (pm)

Time		Straight			right			
		Cars	Bus	pick up or van	cars	Bus	pick up or van	Total
05:00	06:00	974	24	26	35	0	1	1060
05:15	06:15	959	25	10	43	1	1	1039
05:30	06:30	982	25	10	43	1	1	1062
05:45	06:45	1089	23	8	41	1	0	1162
06:00	07:00	1172	22	8	47	1	1	1251
06:15	07:15	1212	21	11	51	0	1	1296
06:30	07:30	1234	24	8	49	0	1	1316
06:45	07:45	1185	26	12	52	0	1	1276
07:00	08:00	1108	23	15	43	0	0	1189

Quadro B.79: Cola Leg 1 Percentagem de veículos pesados (pm)

Straight			right		
Cars	Bus	ck up or v	cars	Bus	pick up or van
95.12%	2.34%	2.54%	97.22%	0.00%	2.78%

Tabela B.80: Fator de hora de ponta do troço 1 do Cola (pm)

Leg 1	Time	Volume	PHF	Volume/PHF
	5:00-5:15	269	0.949820789	283
	5:15-5:30	279	0.949820789	294
	5:30-5:45	263	0.949820789	277
	5:45-6:00	249	0.949820789	262
	total	1060		1116

Quadro B.81: Dados do percurso 2 do Cola por 15 minutos (am)

		Straight			Left			U turn			
Time		Cars	Bus	pick up or van	cars	Bus	pick up or van	Cars	Bus	Pick up or van	total
06:00	06:15	9	0	0	9	0	0	8	0	0	26
06:15	06:30	4	0	1	31	1	3	10	0	1	51
06:30	06:45	14	1	6	14	4	7	14	1	5	66
06:45	07:00	16	0	3	44	1	2	9	1	0	76
07:00	07:15	25	1	3	42	0	2	26	1	2	102
07:15	07:30	37	0	2	76	1	4	56	2	4	182
07:30	07:45	22	0	1	47	1	3	44	0	3	121
07:45	08:00	20	2	1	54	0	0	49	0	1	127
08:00	08:15	24	0	3	47	0	0	31	1	3	109
08:15	08:30	22	0	1	68	1	1	32	2	3	130
08:30	08:45	27	0	2	32	0	2	28	1	4	96
08:45	09:00	36	0	1	46	0	1	34	1	0	119

Tabela B.82: Contagem do troço 2 do Cola por 1 hora com início a cada 15 minutos e hora de ponta por troço (am)

		Straight			Left			U turn			
Time		Cars	Bus	pick up or van	cars	Bus	pick up or van	Cars	Bus	Pick up or van	Total
06:00	07:00	43	2	13	140	6	12	41	2	6	265
06:15	07:15	92	2	14	176	6	15	105	5	11	426
06:30	07:30	92	2	14	176	6	15	105	5	11	426
06:45	07:45	100	1	9	209	3	11	135	4	9	481
07:00	08:00	104	3	7	219	2	9	175	3	10	532
07:15	08:15	103	2	7	224	2	7	180	3	11	539
07:30	08:30	88	2	6	216	2	4	156	3	10	487
07:45	08:45	93	2	7	201	1	3	140	4	11	462
08:00	09:00	109	0	7	193	1	4	125	5	10	454

Tabela B.83: Cola Leg 2 Percentagem de veículos pesados (am)

Straight			Left			U turn		
Cars	Bus	ck up or va	cars	Bus	ck up or va	Cars	Bus	Pick up or van
91.96%	1.79%	6.25%	96.14%	0.86%	3.00%	92.78%	1.55%	5.67%

Tabela B.84: Fator de hora de ponta do troço 2 do Cola (am)

Leg 2	Time	Volume	PHF	Volume/PHF
	7:15-7:30	182	0.740385	246
	7:30-7:45	121	0.740385	163
	7:45-8:00	127	0.740385	172
	8:00-8:15	109	0.740385	147
	total	539		728

Quadro B.85: Dados do percurso 2 da Cola por 15 minutos (pm)

		Straight			Left			U turn		
Time		Cars	Bus	pick up or van	cars	Bus	pick up or van	Cars	Bus	Pick up or van
05:00	05:15	13	0	0	23	0	2	18	0	0
05:15	05:30	34	0	0	45	0	1	36	0	0
05:30	05:45	38	1	1	56	0	1	31	0	1
05:45	06:00	22	3	0	46	0	0	20	0	1
06:00	06:15	28	4	0	53	1	0	24	0	1
06:15	06:30	27	1	0	57	0	2	36	0	0
06:30	06:45	24	0	0	51	0	1	31	0	0
06:45	07:00	27	1	3	45	0	0	42	0	1
07:00	07:15	26	0	0	49	1	0	33	0	0
07:15	07:30	34	0	1	42	1	1	31	0	1
07:30	07:45	27	0	2	51	1	2	38	0	0
07:45	08:00	25	0	1	28	0	1	27	0	0

Tabela B.86: Contagem do percurso Cola 2 por 1 hora a partir de cada 15 minutos e hora de ponta por percurso (pm)

		Straight			Left			U turn			
Time		Cars	Bus	pick up or van	cars	Bus	pick up or van	Cars	Bus	Pick up or van	Total
05:00	06:00	107	4	1	170	0	4	105	0	2	393
05:15	06:15	122	8	1	200	1	2	111	0	3	448
05:30	06:30	115	9	1	212	1	3	111	0	3	455
05:45	06:45	101	8	0	207	1	3	111	0	2	433
06:00	07:00	106	6	3	206	1	3	133	0	2	460
06:15	07:15	104	2	3	202	1	3	142	0	1	458
06:30	07:30	111	1	4	187	2	2	137	0	2	446
06:45	07:45	114	1	6	187	3	3	144	0	2	460
07:00	08:00	112	0	4	170	3	4	129	0	1	423

Quadro B.87: Cola Leg 2 Percentagem de veículos pesados (pm)

Straight			Left			U turn		
Cars	Bus	ck up or va	cars	Bus	ck up or va	Cars	Bus	Pick up or van
95.54%	3.57%	0.89%	97.70%	0.00%	2.30%	98.13%	0.00%	1.87%

Quadro B.88: Fator hora de ponta do troço 2 de Cola (pm)

Leg 2	Time	Volume	PHF	Volume/PHF
	5:00-5:15	56	0.761627907	74
	5:15-5:30	116	0.761627907	152
	5:30-5:45	129	0.761627907	169
	5:45-6:00	92	0.761627907	121
	total	393		516

Quadro B.89: Dados do percurso 3 do Cola por 15 minutos (am)

		Straight			Left			U turn			
Time		Cars	Bus	pick up or van	cars	Bus	pick up or van	Cars	Bus	Pick up or van	Total
06:00	06:15	64	9	7	36	5	28	2	0	0	151
06:15	06:30	123	10	12	59	5	31	6	0	3	249
06:30	06:45	207	27	13	87	6	36	10	3	5	394
06:45	07:00	412	20	21	136	4	26	22	0	3	644
07:00	07:15	436	14	12	148	9	22	30	6	3	680
07:15	07:30	526	13	10	166	4	15	33	4	4	775
07:30	07:45	550	10	14	205	11	22	32	3	8	855
07:45	08:00	536	10	16	138	6	26	26	5	4	767
08:00	08:15	452	10	9	150	6	29	32	4	5	697
08:15	08:30	451	4	13	163	2	33	38	5	7	716
08:30	08:45	473	7	10	190	5	45	45	1	7	783
08:45	09:00	432	9	11	184	6	32	51	1	4	730

Quadro B.90: Contagem do troço 3 de Cola por 1 hora a partir de cada 15 minutos e hora de ponta por troço (am)

		Straight			Left			U turn			
Time		Cars	Bus	pick up or van	cars	Bus	pick up or van	Cars	Bus	Pick up or van	Total
06:00	07:00	806	80	65	466	20	121	40	3	11	1612
06:15	07:15	1581	74	56	537	23	99	95	13	15	2493
06:30	07:30	1581	74	56	537	23	99	95	13	15	2493
06:45	07:45	1924	57	57	655	28	85	117	13	18	2954
07:00	08:00	2048	47	52	657	30	85	121	18	19	3077
07:15	08:15	2064	43	49	659	27	92	123	16	21	3094
07:30	08:30	1989	34	52	656	25	110	128	17	24	3035
07:45	08:45	1912	31	48	641	19	133	141	15	23	2963
08:00	09:00	1808	30	43	687	19	139	166	11	23	2926

Quadro B.91: Cola Leg 3 Percentagem de veículos pesados (am)

Straight			Left			U turn		
Cars	Bus	pick up or van	cars	Bus	pick up or van	Cars	Bus	Pick up or van
95.73%	1.99%	2.27%	84.70%	3.47%	11.83%	76.88%	10.00%	13.13%

Tabela B.92: Fator de hora de ponta do troço 3 do Cola (am)

Leg 3	Time	Volume	PHF	Volume/PHF
	7:15-7:30	775	0.904678	857
	7:30-7:45	855	0.904678	945
	7:45-8:00	767	0.904678	848
	8:00-8:15	697	0.904678	770
	total	3094		3420

Quadro B.93: Dados do percurso 3 do Cola por 15 minutos (pm)

		Straight			Left			U turn			
Time		Cars	Bus	pick up or van	cars	Bus	pick up or van	Cars	Bus	Pick up or van	Total
05:00	05:15	275	6	7	198	2	19	32	1	2	542
05:15	05:30	309	8	4	177	2	16	33	0	0	549
05:30	05:45	325	2	3	192	4	8	37	0	0	571
05:45	06:00	284	12	3	198	3	14	35	0	0	549
06:00	06:15	325	2	2	209	4	16	34	0	1	593
06:15	06:30	312	4	4	184	2	15	43	0	2	566
06:30	06:45	314	5	0	156	2	17	39	1	1	535
06:45	07:00	297	3	3	161	2	9	42	1	1	519
07:00	07:15	324	2	5	123	0	6	39	0	2	501
07:15	07:30	338	5	1	167	3	9	38	0	2	563
07:30	07:45	258	3	5	197	2	3	42	0	6	516
07:45	08:00	277	6	6	193	3	2	45	0	2	534

Tabela B.94: Contagem do percurso 3 do Cola por 1 hora com início a cada 15 minutos e hora de ponta por percurso (pm)

		Straight			Left			U turn			
Time		Cars	Bus	pick up or van	cars	Bus	pick up or van	Cars	Bus	Pick up or van	Total
05:00	06:00	1193	28	17	765	11	57	137	1	2	2211
05:15	06:15	1243	24	12	776	13	54	139	0	1	2262
05:30	06:30	1246	20	12	783	13	53	149	0	3	2279
05:45	06:45	1235	23	9	747	11	62	151	1	4	2243
06:00	07:00	1248	14	9	710	10	57	158	2	5	2213
06:15	07:15	1247	14	12	624	6	47	163	2	6	2121
06:30	07:30	1273	15	9	607	7	41	158	2	6	2118
06:45	07:45	1217	13	14	648	7	27	161	1	11	2099
07:00	08:00	1197	16	17	680	8	20	164	0	12	2114

Quadro B.95: Cola Leg 3 Percentagem de veículos pesados (pm)

Straight			Left			U turn		
Cars	Bus	pick up or van	cars	Bus	pick up or van	Cars	Bus	Pick up or van
96.37%	2.26%	1.37%	91.84%	1.32%	6.84%	97.86%	0.71%	1.43%

Tabela B.96: Fator de hora de ponta do troço 3 do Cola (pm)

Leg 3	Time	Volume	PHF	Volume/PHF
	5:00-5:15	542	0.968038529	560
	5:15-5:30	549	0.968038529	567
	5:30-5:45	571	0.968038529	590
	5:45-6:00	549	0.968038529	567
	total	2211		2284

Quadro B.97: Dados do percurso 4 do Cola por 15 minutos (am)

		Straight			
Time		Cars	Bus	pick up or van	Total
06:00	06:15	66	2	21	89
06:15	06:30	101	6	30	137
06:30	06:45	129	5	35	169
06:45	07:00	182	3	27	212
07:00	07:15	182	4	22	208
07:15	07:30	164	12	19	195
07:30	07:45	138	1	12	151
07:45	08:00	173	2	27	202
08:00	08:15	167	1	23	191
08:15	08:30	184	4	25	213
08:30	08:45	171	4	23	198
08:45	09:00	153	1	20	174

Tabela B.98: Contagem do percurso 4 do Cola por 1 hora com início a cada 15 minutos e hora de ponta por percurso (am)

		Straight			
Time		Cars	Bus	pick up or van	Total
06:00	07:00	478	20	135	633
06:15	07:15	657	24	103	784
06:30	07:30	657	24	103	784
06:45	07:45	666	20	80	766
07:00	08:00	657	19	80	756
07:15	08:15	642	16	81	739
07:30	08:30	662	8	87	757
07:45	08:45	695	11	98	804
08:00	09:00	675	10	91	776

Tabela B.99: Cola Leg 4 Percentagem de veículos pesados (am)

Time		Cars	Bus	pick up or van
07:15	08:15	86.87%	2.17%	10.96%

Quadro B.100: Fator da hora de ponta do troço 4 do Cola (am)

Leg 4	Time	Volume	PHF	Volume/PHF
	7:15-7:30	195	0.914604	213
	7:30-7:45	151	0.914604	165
	7:45-8:00	202	0.914604	221
	8:00-8:15	191	0.914604	209
	total	739		808

Quadro B.101: Dados do percurso 4 da Cola por 15 minutos (pm)

Time		Straight			
		Cars	Bus	pick up or van	Total
05:00	05:15	126	1	9	136
05:15	05:30	143	0	15	158
05:30	05:45	159	2	16	177
05:45	06:00	170	6	13	189
06:00	06:15	121	7	5	133
06:15	06:30	123	1	14	138
06:30	06:45	100	2	15	117
06:45	07:00	107	4	12	123
07:00	07:15	95	2	6	103
07:15	07:30	103	6	7	116
07:30	07:45	101	1	10	112
07:45	08:00	71	1	7	79

Quadro B.102: Contagem do troço 4 de Cola por 1 hora a partir de cada 15 minutos e hora de ponta por troço (pm)

Time		Straight			
		Cars	Bus	pick up or van	Total
05:00	06:00	598	9	53	660
05:15	06:15	593	15	49	657
05:30	06:30	573	16	48	637
05:45	06:45	514	16	47	577
06:00	07:00	451	14	46	511
06:15	07:15	425	9	47	481
06:30	07:30	405	14	40	459
06:45	07:45	406	13	35	454
07:00	08:00	370	10	30	410

Quadro B.103: Cola Perna 4 Percentagem de veículos pesados (pm)

Time	Cars	Bus	pick up or van
5:15-6:15	90.26%	2.28%	7.46%

Tabela B.104: Fator da hora de ponta do troço 4 do Cola (pm)

Leg 4	Time	Volume	PHF	Volume/PHF
	5:00-5:15	136	0.873015873	156
	5:15-5:30	158	0.873015873	181
	5:30-5:45	177	0.873015873	203
	5:45-6:00	189	0.873015873	216
	total	660		756

Quadro B.105: Dados do percurso 1 da Barbir por 15 minutos (am)

		Straight			
Time		Cars	Bus	pick up or van	Total
06:00	06:15	75	6	27	108
06:15	06:30	194	15	35	244
06:30	06:45	296	20	34	350
06:45	07:00	391	23	53	467
07:00	07:15	542	23	38	603
07:15	07:30	637	30	33	700
07:30	07:45	618	16	42	676
07:45	08:00	645	12	22	679
08:00	08:15	563	16	37	616
08:15	08:30	586	9	29	624
08:30	08:45	512	10	28	550
08:45	09:00	556	6	33	595

Tabela B.106: Contagem do troço 1 da Barbir 2 por 1 hora com início a cada 15 minutos e hora de ponta por troço (am)

		Straight			
Time		Cars	Bus	pick up or van	Total
06:00	07:00	956	87	187	1230
06:15	07:15	1866	96	158	2120
06:30	07:30	1866	96	158	2120
06:45	07:45	2188	92	166	2446
07:00	08:00	2442	81	135	2658
07:15	08:15	2463	74	134	2671
07:30	08:30	2412	53	130	2595
07:45	08:45	2306	47	116	2469
08:00	09:00	2217	41	127	2385

Quadro B.107: Barbir Leg 1 Percentagem de veículos pesados (am)

Time		Cars	Bus	pick up or van
07:15	08:15	92.21%	2.77%	5.02%

Tabela B.108: Fator de hora de ponta do troço 1 da Barbir (am)

Leg 1	Time	Volume	PHF	Volume/PHF
	7:15-7:30	700	0.960357143	729
	7:30-7:45	676	0.960357143	704
	7:45-8:00	697	0.960357143	726
	8:00-8:15	616	0.960357143	641
	total	2689		2800

Quadro B.109: Dados do percurso 1 da Barbir por 15 minutos (pm)

		Straight			
Time		Cars	Bus	pick up or van	Total
05:00	05:15	586	15	29	630
05:15	05:30	585	14	26	625
05:30	05:45	588	15	28	631
05:45	06:00	550	10	24	584
06:00	06:15	472	5	14	491
06:15	06:30	485	13	19	517
06:30	06:45	547	10	22	579
06:45	07:00	625	11	11	647
07:00	07:15	513	10	18	541
07:15	07:30	519	5	28	552
07:30	07:45	541	4	21	566
07:45	08:00	486	4	17	507

Tabela B.110: Contagem do troço 1 do Barbir por 1 hora com início a cada 15 minutos e hora de ponta por troço (pm)

		Straight			
Time		Cars	Bus	pick up or van	Total
05:00	06:00	2309	54	107	2470
05:15	06:15	2095	43	85	2223
05:30	06:30	2095	43	85	2223
05:45	06:45	2054	38	79	2171
06:00	07:00	2129	39	66	2234
06:15	07:15	2170	44	70	2284
06:30	07:30	2204	36	79	2319
06:45	07:45	2198	30	78	2306
07:00	08:00	2059	23	84	2166

Quadro B.111: Barbir Leg 1 Percentagem de veículos pesados (pm)

Time	Cars	Bus	pick up or van
5:15-6:15	94.24%	1.93%	3.82%

Tabela B.112: Fator hora de ponta do troço 1 da Barbir (pm)

Leg 1	Time	Volume	PHF	Volume/PHF
	5:00-5:15	630	0.978605388	644
	5:15-5:30	625	0.978605388	639
	5:30-5:45	631	0.978605388	645
	5:45-6:00	584	0.978605388	597
	total	2470		2524

Tabela B.113: Dados do percurso 2 da Barbir por 15 minutos (am)

		Straight			right			
Time		Cars	Bus	pick up or van	cars	Bus	pick up or van	Total
06:00	06:15	50	3	5	3	0	0	61
06:15	06:30	108	13	26	2	0	1	150
06:30	06:45	287	26	47	12	4	4	380
06:45	07:00	483	16	45	19	5	3	571
07:00	07:15	614	28	36	23	0	2	703
07:15	07:30	577	17	38	11	0	1	644
07:30	07:45	552	9	27	13	0	0	601
07:45	08:00	538	16	34	3	0	0	591
08:00	08:15	487	6	35	9	0	0	537
08:15	08:30	504	8	29	14	0	0	555
08:30	08:45	493	13	45	15	0	1	567
08:45	09:00	449	10	36	11	0	4	510

Tabela B.114: Contagem do troço 2 da Barbir por 1 hora com início a cada 15 minutos e hora de ponta por troço (am)

		Straight			right			
Time		Cars	Bus	pick up or van	cars	Bus	pick up or van	Total
06:00	07:00	928	86	159	59	9	8	1249
06:15	07:15	1961	87	166	65	9	10	2298
06:30	07:30	1961	87	166	65	9	10	2298
06:45	07:45	2226	70	146	66	5	6	2519
07:00	08:00	2281	70	135	50	0	3	2539
07:15	08:15	2154	48	134	36	0	1	2373
07:30	08:30	2081	39	125	39	0	0	2284
07:45	08:45	2022	43	143	41	0	1	2250
08:00	09:00	1933	37	145	49	0	5	2169

Quadro B.115: Barbir Leg 2 Percentagem de veículos pesados (am)

Time	Cars	Bus	Pick up and van
7:15-8:15 am	92.29%	2.02%	5.69%

Tabela B.116: Fator de hora de ponta do troço 2 da Barbir (am)

Leg 2	Time	Volume	PHF	Volume/PHF
	7:15-7:30	644	0.921195652	699
	7:30-7:45	601	0.921195652	652
	7:45-8:00	591	0.921195652	642
	8:00-8:15	537	0.921195652	583
	total	2373		2576

Quadro B.117: Dados da etapa 2 da Barbir por 15 minutos (pm)

		Straight			right			
Time		Cars	Bus	pick up or van	cars	Bus	pick up or van	Total
05:00	05:15	377	6	23	14	0	0	420
05:15	05:30	406	2	18	41	0	0	467
05:30	05:45	337	4	8	16	0	0	365
05:45	06:00	389	3	10	24	0	0	426
06:00	06:15	368	3	12	23	0	1	407
06:15	06:30	403	6	18	23	0	1	451
06:30	06:45	418	4	17	29	0	1	469
06:45	07:00	454	6	29	30	0	1	520
07:00	07:15	420	4	24	25	0	0	473
07:15	07:30	435	4	18	35	0	0	492
07:30	07:45	431	3	10	22	0	2	468
07:45	08:00	387	2	10	9	0	0	408

Tabela B.118: Contagem do troço 2 da Barbir por 1 hora com início a cada 15 minutos e hora de ponta por troço (pm)

		Straight			Right			
Time		Cars	Bus	pick up or van	cars	Bus	pick up or van	Total
05:00	06:00	1509	15	59	95	0	0	1678
05:15	06:15	1497	16	48	86	0	2	1649
05:30	06:30	1497	16	48	86	0	2	1649
05:45	06:45	1578	16	57	99	0	3	1753
06:00	07:00	1643	19	76	105	0	4	1847
06:15	07:15	1695	20	88	107	0	3	1913
06:30	07:30	1727	18	88	119	0	2	1954
06:45	07:45	1740	17	81	112	0	3	1953
07:00	08:00	1673	13	62	91	0	2	1841

Quadro B.119: Barbir Leg 2 Percentagem de veículos pesados (pm)

Time	Cars	Bus	Pick up and van
5:15-6:15 pm	96.00%	0.97%	3.03%

Tabela B.120: Fator de hora de ponta do troço 2 da Barbir (pm)

Leg 2	Time	Volume	PHF	Volume/PHF
	5:00-5:15	420	0.898286938	468
	5:15-5:30	467	0.898286938	520
	5:30-5:45	365	0.898286938	406
	5:45-6:00	426	0.898286938	474
	total	1678		1868

Quadro B.121: Dados do percurso 3 da Barbir por 15 minutos (am)

		Straight			Left			Right		
Time		Cars	Bus	pick up or van	cars	Bus	pick up or van	Cars	Bus	Pick up or van
06:00	06:15	5	0	1	6	0	1	3	3	0
06:15	06:30	9	2	4	15	0	3	5	5	0
06:30	06:45	11	2	7	32	1	4	8	1	1
06:45	07:00	34	2	1	80	0	6	13	4	2
07:00	07:15	32	0	4	61	1	2	22	2	3
07:15	07:30	50	0	2	66	0	0	13	1	0
07:30	07:45	45	1	2	82	0	1	14	1	0
07:45	08:00	39	0	1	102	0	1	13	1	0
08:00	08:15	37	0	4	86	0	3	26	1	1
08:15	08:30	36	1	5	94	1	0	19	0	3
08:30	08:45	31	0	2	78	0	1	23	0	4
08:45	09:00	28	0	4	46	0	1	20	1	2

Tabela B.122: Contagem do troço 3 da Barbir por 1 hora com início a cada 15 minutos e hora de ponta por troço (am)

		Straight			Left			Right			
Time		Cars	Bus	pick up or van	cars	Bus	pick up or van	Cars	Bus	Pick up or van	Total
06:00	07:00	59	6	17	194	1	14	29	13	3	336
06:15	07:15	127	4	14	239	2	12	56	8	6	468
06:30	07:30	127	4	14	239	2	12	56	8	6	468
06:45	07:45	161	3	9	289	1	9	62	8	5	547
07:00	08:00	166	1	9	311	1	4	62	5	3	562
07:15	08:15	171	1	9	336	0	5	66	4	1	593
07:30	08:30	157	2	12	364	1	5	72	3	4	620
07:45	08:45	143	1	12	360	1	5	81	2	8	613
08:00	09:00	132	1	15	304	1	5	88	2	10	558

Tabela B.123: Barbir Leg 3 Percentagem de veículos pesados (am)

Straight			Left			Right		
Cars	Bus	ick up or va	cars	Bus	ck up or v	Cars	Bus	Pick up or van
94.48%	0.55%	4.97%	98.53%	0.00%	1.47%	92.96%	5.63%	1.41%

Tabela B.124: Fator de hora de ponta do troço 3 da Barbir (am)

Leg 3	Time	Volume	PHF	Volume/PHF
	7:15-7:30	132	0.938291139	141
	7:30-7:45	146	0.938291139	156
	7:45-8:00	157	0.938291139	167
	8:00-8:15	158	0.938291139	168
	total	593		632

Quadro B.125: Dados da etapa 3 da Barbir por 15 minutos (pm)

		Straight			Left			U turn			
Time		Cars	Bus	pick up or van	cars	Bus	pick up or van	Cars	Bus	Pick up or van	total
05:00	05:15	45	0	0	31	0	0	18	0	0	94
05:15	05:30	34	0	1	50	0	2	21	0	1	109
05:30	05:45	38	0	2	47	0	0	12	0	2	101
05:45	06:00	46	0	2	55	0	0	18	0	0	121
06:00	06:15	42	0	2	50	0	2	9	0	0	105
06:15	06:30	33	0	1	63	0	0	17	0	0	114
06:30	06:45	17	0	0	41	0	0	7	0	1	66
06:45	07:00	26	0	0	52	1	0	15	0	0	94
07:00	07:15	27	0	1	50	0	0	28	0	0	106
07:15	07:30	17	0	0	1054	0	0	16	0	1	1088
07:30	07:45	22	0	0	56	0	0	12	0	0	90
07:45	08:00	17	0	1	48	0	0	14	0	0	80

Tabela B.126: Contagem do troço 3 da Barbir por 1 hora com início a cada 15 minutos e hora de ponta por troço (pm)

		Straight			Left			U turn			
Time		Cars	Bus	pick up or van	cars	Bus	pick up or van	Cars	Bus	Pick up or van	Total
05:00	06:00	163	0	5	183	0	2	69	0	3	425
05:15	06:15	159	0	7	215	0	2	56	0	2	441
05:30	06:30	159	0	7	215	0	2	56	0	2	441
05:45	06:45	138	0	5	209	0	2	51	0	1	406
06:00	07:00	118	0	3	206	1	2	48	0	1	379
06:15	07:15	103	0	2	206	1	0	67	0	1	380
06:30	07:30	87	0	1	1197	1	0	66	0	2	1354
06:45	07:45	92	0	1	1212	1	0	71	0	1	1378
07:00	08:00	83	0	2	1208	0	0	70	0	1	1364

Quadro B.127: Barbir Leg 3 Percentagem de veículos pesados (pm)

Straight			Left			U turn		
Cars	Bus	ck up or va	cars	Bus	ck up or va	Cars	Bus	Pick up or van
97.02%	0.00%	2.98%	98.92%	0.00%	1.08%	95.83%	0.00%	4.17%

Tabela B.128: Fator hora de ponta do troço 3 da Barbir (pm)

Leg 3	Time	Volume	PHF	Volume/PHF
	5:00-5:15	94	0.878099174	107
	5:15-5:30	109	0.878099174	124
	5:30-5:45	101	0.878099174	115
	5:45-6:00	121	0.878099174	138
	total	425		484

Quadro B.129: Procura total em cada cruzamento de 5 em 5 minutos (am)

Time (am)	J1	J2	J3	J4	J5	Total
6:00-6:05	81	70	68	85	73	377
6:05-6:10	47	94	73	120	82	416
6:10-6:15	65	101	101	130	84	481
6:15-6:20	85	124	97	175	126	607
6:20-6:25	120	125	102	131	144	622
6:25-6:30	118	156	139	212	157	782
6:30-6:35	166	179	193	258	175	971
6:35-6:40	162	164	196	266	197	985
6:40-6:45	181	211	235	249	250	1126
6:45-6:50	217	252	324	378	295	1466
6:50-6:55	274	317	368	415	321	1695
6:55-7:00	290	345	232	365	344	1576
7:00-7:05	286	317	323	429	325	1680
7:05-7:10	362	345	369	414	363	1853
7:10-7:15	278	354	410	434	425	1901
7:15-7:20	341	432	428	489	430	2120
7:20-7:25	317	420	404	498	433	2072
7:25-7:30	245	409	404	528	423	2009
7:30-7:35	304	396	427	532	407	2066
7:35-7:40	335	432	453	471	496	2187
7:40-7:45	387	400	385	530	428	2130
7:45-7:50	328	380	474	467	416	2065
7:50-7:55	348	313	438	420	412	1931
7:55-8:00	380	402	435	500	434	2151
8:00-8:05	252	428	382	450	457	1969
8:05-8:10	397	406	377	459	410	2049
8:10-8:15	334	349	376	460	330	1849
8:15-8:20	372	314	328	481	381	1876
8:20-8:25	294	355	376	466	417	1908
8:25-8:30	382	366	335	410	401	1894
8:30-8:35	371	365	304	480	368	1888
8:35-8:40	298	386	328	459	321	1792
8:40-8:45	328	349	342	464	404	1887
8:45-8:50	321	354	299	403	372	1749
8:50-8:55	342	375	391	477	409	1994
8:55-9:00	209	305	314	454	302	1584

Tabela B.130: Procura total em cada cruzamento de 5 em 5 minutos (pm)

Time (am)	J1	J2	J3	J4	J5	Total
5:00-5:05	314	378	335	488	440	1955
5:00-5:10	205	356	294	327	355	1537
5:10-5:15	253	334	306	304	402	1599
5:15-5:20	224	356	303	361	394	1638
5:20-5:25	180	372	358	371	407	1688
5:25-5:30	292	302	318	376	415	1703
5:30-5:35	232	328	279	400	370	1609
5:35-5:40	313	285	247	359	368	1572
5:40-5:45	229	350	288	381	361	1609
5:45-5:50	330	323	241	331	406	1631
5:50-5:55	248	349	350	409	389	1745
5:55-6:00	289	344	287	348	346	1614
6:00-6:05	231	300	330	341	309	1511
6:05-6:10	289	332	329	351	344	1645
6:10-6:15	160	397	256	384	340	1537
6:15-6:20	317	325	244	370	400	1656
6:20-6:25	250	302	291	373	324	1540
6:25-6:30	319	342	296	366	360	1683
6:30-6:35	251	337	317	370	411	1686
6:35-6:40	298	345	226	382	352	1603
6:40-6:45	242	297	279	358	355	1531
6:45-6:50	295	322	278	359	365	1619
6:50-6:55	222	307	269	369	410	1577
6:55-7:00	272	309	308	343	485	1717
7:00-7:05	255	288	248	358	359	1508
7:05-7:10	296	295	288	336	364	1579
7:10-7:15	290	280	294	324	385	1573
7:15-7:20	300	283	285	344	406	1618
7:20-7:25	248	276	279	379	361	1543
7:25-7:30	290	304	255	385	354	1588
7:30-7:35	261	243	283	362	372	1521
7:35-7:40	303	250	241	375	375	1544
7:40-7:45	253	312	325	320	380	1590
7:45-7:50	290	331	369	327	326	1643
7:50-7:55	266	270	274	331	330	1471
7:55-8:00	261	240	186	284	318	1289

Tabela B.131: Fator de hora de ponta de Mar Elias com base na procura (am)

Leg 1	Time	Demand	PHF	Demand/PHF
	7:15-7:30	357	0.926859	385
	7:30-7:45	417	0.926859	450
	7:45-8:00	372	0.926859	401
	8:00-8:15	400	0.926859	432
	total	1546		1668

Leg 2	Time	Demand	PHF	Demand/PHF
	7:15-7:30	385	0.907201	424
	7:30-7:45	493	0.907201	543
	7:45-8:00	482	0.907201	531
	8:00-8:15	429	0.907201	473
	total	1789		1972

Leg 3	Time	Demand	PHF	Demand/PHF
	7:15-7:30	161	0.783416	206
	7:30-7:45	116	0.783416	148
	7:45-8:00	202	0.783416	258
	8:00-8:15	154	0.783416	197
	total	633		808

Tabela B.132: Fator de hora de ponta de Mar Elias com base na procura (pm)

Leg 1	Time	Demand	PHF	Demand/phf
	5:00-5:15	304	0.801899	379
	5:15-5:30	230	0.801899	287
	5:30-5:45	338	0.801899	421
	5:45-6:00	395	0.801899	493
	total	1267		1580

Leg 2	Time	Demand	PHF	Demand/phf
	5:00-5:15	300	0.925296	324
	5:15-5:30	327	0.925296	353
	5:30-5:45	286	0.925296	309
	5:45-6:00	338	0.925296	365
	total	1251		1352

Leg 3	Time	Demand	PHF	Demand/phf
	5:00-5:15	168	0.879464	191
	5:15-5:30	139	0.879464	158
	5:30-5:45	150	0.879464	171
	5:45-6:00	134	0.879464	152
	total	591		672

Tabela B.133: Fator de hora de ponta do Barbour 1 com base na procura (am)

Leg 1	Time	Demand	PHF	Demand/phf
	7:15-7:30	460	1.02323	450
	7:30-7:45	517	1.02323	505
	7:45-8:00	452	1.02323	442
	8:00-8:15	421	1.02323	411
	total	1850		1808

Leg 2	Time	Demand	PHF	Demand/phf
	7:15-7:30	273	0.919414	297
	7:30-7:45	269	0.919414	293
	7:45-8:00	205	0.919414	223
	8:00-8:15	257	0.919414	280
	total	1004		1092

Leg 3	Time	Demand	PHF	Demand/phf
	7:15-7:30	528	0.905777	583
	7:30-7:45	442	0.905777	488
	7:45-8:00	438	0.905777	484
	8:00-8:15	505	0.905777	558
	total	1913		2112

Tabela B.134: Fator de hora de ponta do Barbour 1 com base na procura (pm)

Leg 1	Time	Demand	PHF	Demand/phf
	5:00-5:15	433	0.917582418	472
	5:15-5:30	340	0.917582418	371
	5:30-5:45	455	0.917582418	496
	5:45-6:00	442	0.917582418	482
	total	1670		1820

Leg 2	Time	Demand	PHF	Demand/phf
	5:00-5:15	295	0.834639498	353
	5:15-5:30	319	0.834639498	382
	5:30-5:45	248	0.834639498	297
	5:45-6:00	203	0.834639498	243
	total	1065		1276

Leg 3	Time	Demand	PHF	Demand/phf
	5:00-5:15	340	0.904312668	376
	5:15-5:30	371	0.904312668	410
	5:30-5:45	260	0.904312668	288
	5:45-6:00	371	0.904312668	410
	total	1342		1484

Tabela B.135: Fator de hora de ponta do Barbour 2 com base na procura (am)

Leg 1	Time	Demand	PHF	Demand/phf
	7:15-7:30	325	0.928862	350
	7:30-7:45	363	0.928862	391
	7:45-8:00	369	0.928862	397
	8:00-8:15	314	0.928862	338
	total	1371		1476

Leg 2	Time	Demand	PHF	Demand/phf
	7:15-7:30	370	0.937657	395
	7:30-7:45	397	0.937657	423
	7:45-8:00	373	0.937657	398
	8:00-8:15	349	0.937657	372
	total	1489		1588

Leg 3	Time	Demand	PHF	Demand/phf
	7:15-7:30	541	0.877273	617
	7:30-7:45	505	0.877273	576
	7:45-8:00	605	0.877273	690
	8:00-8:15	472	0.877273	538
	total	2123		2420

Tabela B.136: Fator de hora de ponta do Barbour 2 com base na procura (pm)

Leg 1	Time	Demand	PHF	Demand/phf
	5:00-5:15	288	0.803342	359
	5:15-5:30	389	0.803342	484
	5:30-5:45	282	0.803342	351
	5:45-6:00	291	0.803342	362
	total	1250		1556

Leg 2	Time	Demand	PHF	Demand/phf
	5:00-5:15	253	0.948842	267
	5:15-5:30	231	0.948842	243
	5:30-5:45	240	0.948842	253
	5:45-6:00	259	0.948842	273
	total	983		1036

Leg 3	Time	Demand	PHF	Demand/phf
	5:00-5:15	394	0.871193	452
	5:15-5:30	359	0.871193	412
	5:30-5:45	292	0.871193	335
	5:45-6:00	328	0.871193	376
	total	1373		1576

Tabela B.137: Fator de hora de ponta de Cola com base na procura (am)

Leg 1	Time	Demand	PHF	Demand/phf
	7:15-7:30	354	0.888889	398
	7:30-7:45	396	0.888889	446
	7:45-8:00	296	0.888889	333
	8:00-8:15	362	0.888889	407
	total	1408		1584

Leg 2	Time	Demand	PHF	Demand/phf
	7:15-7:30	182	0.748626	243
	7:30-7:45	122	0.748626	163
	7:45-8:00	127	0.748626	170
	8:00-8:15	114	0.748626	152
	total	545		728

Leg 3	Time	Demand	PHF	Demand/phf
	7:15-7:30	775	0.904678	857
	7:30-7:45	855	0.904678	945
	7:45-8:00	767	0.904678	848
	8:00-8:15	697	0.904678	770
	total	3094		3420

Leg 3	Time	Demand	PHF	Demand/phf
	7:15-7:30	204	0.927696	220
	7:30-7:45	160	0.927696	172
	7:45-8:00	197	0.927696	212
	8:00-8:15	196	0.927696	211
	total	757		816

Tabela B.138: Fator de hora de ponta de Cola com base na procura (pm)

Leg 1	Time	Demand	PHF	Demand/phf
	5:00-5:15	299	0.911371237	328
	5:15-5:30	282	0.911371237	309
	5:30-5:45	262	0.911371237	287
	5:45-6:00	247	0.911371237	271
	total	1090		1196

Leg 2	Time	Demand	PHF	Demand/phf
	5:00-5:15	62	0.831300813	75
	5:15-5:30	121	0.831300813	146
	5:30-5:45	123	0.831300813	148
	5:45-6:00	103	0.831300813	124
	total	409		492

Leg 3	Time	Demand	PHF	Demand/phf
	5:00-5:15	582	0.966924399	602
	5:15-5:30	549	0.966924399	568
	5:30-5:45	571	0.966924399	591
	5:45-6:00	549	0.966924399	568
	total	2251		2328

Leg 4	Time	Demand	PHF	Demand/phf
	5:00-5:15	176	0.932539683	189
	5:15-5:30	156	0.932539683	167
	5:30-5:45	184	0.932539683	197
	5:45-6:00	189	0.932539683	203
	total	705		756

Tabela B.139: Fator de hora de ponta de Barbir com base na procura (am)

Leg 1	Time	Demand	PHF	Demand/phf
	7:15-7:30	712	0.938904	758
	7:30-7:45	676	0.938904	720
	7:45-8:00	682	0.938904	726
	8:00-8:15	604	0.938904	643
	total	2674		2848

Leg 2	Time	Demand	PHF	Demand/phf
	7:15-7:30	442	0.895751	493
	7:30-7:45	506	0.895751	565
	7:45-8:00	418	0.895751	467
	8:00-8:15	447	0.895751	499
	total	1813		2024

Leg 3	Time	Demand	PHF	Demand/phf
	7:15-7:30	132	0.908951	145
	7:30-7:45	149	0.908951	164
	7:45-8:00	162	0.908951	178
	8:00-8:15	146	0.908951	161
	total	589		648

Tabela B.140: Fator de hora de ponta de Barbir com base na procura (pm)

Leg 1	Time	Demand	PHF	Demand/phf
	5:00-5:15	675	0.931481	725
	5:15-5:30	625	0.931481	671
	5:30-5:45	631	0.931481	677
	5:45-6:00	584	0.931481	627
	total	2515		

Leg 2	Time	Demand	PHF	Demand/phf
	5:00-5:15	420	0.886979	474
	5:15-5:30	480	0.886979	541
	5:30-5:45	368	0.886979	415
	5:45-6:00	435	0.886979	490
	total	1703		1920

Leg 3	Time	Demand	PHF	Demand/phf
	5:00-5:15	102	0.891393	114
	5:15-5:30	111	0.891393	125
	5:30-5:45	100	0.891393	112
	5:45-6:00	122	0.891393	137
	total	435		488

MIX
Papier aus verantwortungsvollen Quellen
Paper from responsible sources
FSC® C105338

Printed by Books on Demand GmbH, Norderstedt / Germany